THE COFFEE BOOK

더 커피 북

DK

THE COFFEE BOOK

더 커피 북

아네트 몰배르 지음 | 최가영 옮김

시그마북스
Sigma Books

CONTENTS

커피란 무엇인가

카페 문화

카페에 앉아 향긋한 커피를 음미하는 것은 수백만 지구촌 시민에게 일상의 큰 즐거움이다. 숙련된 바리스타가 좋은 원두로 입맛에 꼭 맞는 커피를 만들어주는 스페셜티 커피 전문 카페가 많이 생겨난 덕에 커피 문화의 품격이 상향평준화되었다.

카페와 커피

카페는 카페오레가 주류를 이루는 파리의 카페부터 무한리필되는 텍사스식 식당에 이르기까지 수 세기 전부터 다양한 사회문화의 구심점 역할을 해 왔다. 하지만 사람들이 그 어느 때보다도 커피를 자주 찾는 것은 바로 요즘이다. 중국, 인도, 러시아, 일본에서 커피가 인기를 얻은 덕분이다. 커피를 마시는 것은 많은 이에게 평범한 일상으로 자리 잡은 지 오래지만, 또 누군가에게는 여전히 흥미진진한 신세계를 펼쳐준다.

이렇듯 새로 시작된 커피 열풍에 힘입어 하루가 멀다 하고 전 세계 곳곳에 스페셜티 커피 전문점이 속속 문을 열고 있다. 이곳에서 다양한 커피의 품종, 로스팅 방식, 추출 방법을 경험하는 것은 더 이상 전문가만의 커피 전유물이 아니다. 커피의 품질을 감상할 줄 알고 지속 가능한 생산과 관리의 중요성을 이해하는 사람이라면 누구나 커피하우스에서 친구를 사귀고 커피의 맛을 음미하고 커피전문점만의 분위기에 젖어들 자격이 충분하다.

누군가에게 커피는 일상이지만,
또 누군가에게는
새롭고 가슴 떨리는 도전이다.

카페의 정신

우리는 커피를 아무 데서나 저렴하게 마시는 것을 당연하게 여긴다. 심지어는 커피가 과일의 씨앗이고 가루를 내어 추출하기 전에 볶아야 한다는 사실을 모르는 사람도 꽤 많다. 다행히 최근 커피를 신선한 제철 식품으로 취급하는 카페가 늘어나는 추세다. 이는 커피가 하나의 식재료이자 음료이며, 재배와 가공 과정에서 상당한 기술과 노력이 필요하다는 것을 뜻한다. 이런 시각을 가진 사람들은 커피에 내재한 특유의 향미를 최대한 이끌어냄으로써 각 원두의 특징과 그 뒤에 숨은 사람들의 이야기를 널리 알리고자 애쓴다.

스페셜티 카페들의 이런 수고 덕분인지 많은 커피 애호가들이 커피의 생산, 판매, 제조 과정에 주목하기 시작했다. 커피 농가들은 현재 낮은 가격과 불공정한 코모디티 커피 시장 등의 어려움에 직면해 있다. 이는 지속 가능한 거래 시스템에 대한 요구가 높아지는 이유다. 식품과 와인에는 '좋은 건 비쌀 만하다'는 개념이 오래전부터 수용되어 왔는데, 커피에도 똑같은 규칙을 적용해야 한다는 인식이 최근에 소비자들 사이에서 빠르게 확산되는 분위기다.

수요와 공급, 가격, 생태학 간의 균형을 유지하는 것은 아직도 어려운 문제지만, 스페셜티 커피 회사들은 품질, 투명성, 그리고 지속 가능성을 강조하는 경영 방침을 고수하며 선전하고 있다. 이렇듯 커피의 재배와 중간 과정에 무게를 더 싣는 업계 문화의 지각변동에 발맞추어 스페셜티 카페들의 역할이 그 어느 때보다도 중요해졌다.

바리스타(Barista)

커피의 세계에서 바리스타란 와인의 소믈리에와 같다. 바리스타는 전문지식으로 무장하고 커피를 다루며 추출해 마시는 방법에 대해 조언해주는 커피 전문가다. 바리스타의 도움을 받으면 단순히 졸음을 쫓으려고 카페인을 마시는 게 아니라 좋은 커피의 다양한 매력을 만끽할 수 있다.

커피는 어떻게
세계인의 음료가 되었을까

커피 전파의 역사는 세상의 변천사와 일치한다. 종교, 노예, 밀수, 로맨스, 공동체를 언급하지 않고는 커피의 역사를 논할 수 없다. 곳곳에 빈칸이 많긴 하지만 증거 자료와 전해지는 이야기를 바탕으로 원두의 여정을 충분히 추적할 수 있다.

커피의 발견

커피는 적어도 1,000년 이상 전에 발견되었다. 아무도 정확히는 모르지만 아라비카종의 최초 원산지는 남수단과 에티오피아로, 로부스타종의 원산지는 서아프리카로 추정된다.

　생두를 볶고 갈아서 추출해 마시는 요즘 방식이 정착되기 훨씬 전부터 커피체리와 커피잎은 자양강장제로 사용되었다. 아프리카 목동들은 먼 길을 떠날 때 커피 씨앗에 지방과 향신료를 섞어 만든 일종의 '에너지바'를 비상식량으로 챙겼다고 한다. 커피잎과 커피체리 껍질도 버리지 않고 끓여서 카페인이 풍부한 물을 음료로 마셨다.

　커피는 아프리카 노예들을 통해 예멘을 거쳐 아랍으로 유출된 것으로 보인다. 1400년대에 수피교도들은 야간기도회에서 졸지 않기 위해 커피체리로 만든 차 키쉬르(quishr), 즉 아라비아 와인을 마셨다고 한다. 마침 커피콩에 각성효과가 있다는 소문이 퍼지기 시작했고 때를 같이해 무역상들과 학자들이 키쉬르를 마시며 자유롭게 교류하는 공간이 생겨났다. 당시 사람들은 이곳을 '현자학교'라고 불렀다. 키쉬르가 교리에 위배된다며 걱정하는 시각도 있었지만, 이 초기 형태의 카페는 계속 성업했고 나날이 유명세를 더해갔다. 1500년대에 접어들어 아랍에서는 드디어 생두를 볶은 뒤 갈아서 우려내는 방식으로 커피를 마시기 시작했고, 곧 이 방식이 터키와 이집트, 북아프리카로 확산되었다.

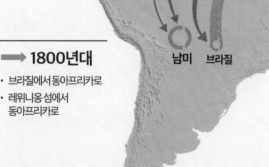

멕시코
자메이카 　아이티
중미 　　카리브 해 　마르티니크 섬
수리남 　프랑스령 기아나
남미 　브라질

KEY

➡ 1600년대
- 예멘에서 네덜란드로
- 예멘에서 인도로
- 네덜란드에서 인도, 자바, 수리남, 프랑스로

➡ 1700년대
- 프랑스에서 아이티, 마르티니크, 프랑스령 기아나, 레위니옹 섬으로
- 레위니옹 섬에서 중남미로
- 마르티니크에서 카리브 해와 중남미로
- 아이티에서 자메이카로
- 프랑스령 기아나에서 브라질로

➡ 1800년대
- 브라질에서 동아프리카로
- 레위니옹 섬에서 동아프리카로

제국주의와 커피의 전파

커피 무역을 처음 시작한 아랍인들은 다른 곳에서는 아무도 커피를 재배하지 못하게 하려고 반드시 커피콩을 삶은 뒤에 수출했다.

하지만 1600년대 초에 한 수피교도가 예멘에서 인도로 씨앗을 밀반출했고, 한 네덜란드 상인이 예멘에서 묘목을 구해 암스테르담에 옮겨 심었다. 이리하여 17세기 말에는 인도네시아를 비롯한 네덜란드령 식민지 곳곳에 커피나무가 심어졌다.

카리브 해와 남미 식민지에 커피나무가 처음 심어진 것은 1700년대 초반이었다. 네덜란드가 프랑스에 묘목을 선물한 것이 계기였는데, 프랑스는 이것을 아이티, 마르티니크, 프랑스령 기아나에 가져가 심었다. 네덜란드는 수리남에 커피나무를 심었고, 영국은 아이티에서 가져온 것을 자메이카에 심었다.

1727년, 포루투갈은 브라질에서 한 해군장교에게 커피 종자를 가져오라는 특명을 내리고 프랑스령 기아나에 보냈다. 소문에 따르면 거절 통보를 받은 장교는 차선책으로 총독의 아내를 유혹해서 꽃다발에 씨앗을 숨겨 건네받는 데 성공했다고 한다.

남미와 카리브 해의 커피는 중미와 멕시코로 퍼져나갔다. 1800년대 말경에는 커피 묘목이 지구 한 바퀴를 돌아 다시 아프리카 식민지로 되돌아갔다.

오늘날 커피는 새로운 땅인 아시아를 주축으로 재배 지역을 넓혀가고 있다.

네덜란드
프랑스
예멘
인도
동아프리카
자바 섬
레위니옹 섬

커피는 몇 백 년에 걸쳐
처음에는 음료로서, 그다음에는
일용품으로서 지구촌 곳곳에 보급되었다.

커피의 품종

와인의 재료인 포도나 맥주의 재료인 홉처럼 커피체리는 다양한 품종의 커피나무에서 수확된다. 전 세계에 유통되는 것은 일부에 불과하지만 곳곳에서 다양한 신품종이 꾸준히 재배되고 있다.

커피라는 식물

이 화목은 식물학상 코페아(Coffea)속(屬)으로 분류된다. 커피의 분류체계는 활발한 연구를 통해 새로운 품종이 발견됨에 따라 나날이 발전하고 있다. 커피 품종이 정확히 몇 가지인지는 아무도 모르지만 현재까지 확인된 것은 124종 정도다. 이는 불과 20년 전에 비해 두 배 이상 늘어난 것이다.

커피는 마다가스카르와 아프리카에서 집중 자생하는 것이 발견되었는데, 마스카렌 제도와 코모로, 아시아, 호주에도 야생 커피나무가 자란다. 상업적 목적으로 대규모로 재배되는 품종은 코페아 아라비카(C. Arabica)와 코페아 카네포라(C. Canephora)뿐이다. 이 두 가지는 편하게 각각 아라비카종과 로부스타종으로 불리며 전 세계 커피 생산량의 약 99퍼센트를 차지한다. 아라비카종은 에티오피아와 남수단의 국경지대에서 코페아 카네포라와 코페아 유게니오이디스(C. Eugenioides)가 자연교배되어 생겨난 것으로 추측한다. 몇몇 나라는 현지에서 소비할 목적으로 코페아 리베리카(C. Liberica)와 코페아 엑셀사(C. Excelsa)를 소량 재배하기도 한다.

아라비카종과 로부스타종

아라비카종의 전파 과정에 관한 사료가 부족하고 이견이 분분하지만, 에티오피아와 남수단에서 자라는 수천 가지 재래종 중에서 극소수만 유출되어 예멘을 거쳐 다른 지역으로 퍼져나갔다는 것만은 확실하다(10~11페이지 참조).

이 품종은 '보통 커피'라는 뜻에서 티피카(Typica)로 명명되었다. 처음에 티피카를 자바 섬에 심었는데, 이것이 커피 재배가 전 세계로 확산된 유전학적인 시발점이 되었다. 또 다른 초기 품종인 부르봉은 18세기 중반부터 19세기 후반에 걸쳐 부르봉 섬, 즉 오늘날의 레위니옹 섬에서 티피카에 자연변이가 일어나 탄생했다. 오늘날 재배되는 품종의 대부분이 이 두 품종이 자연교배나 인공교배를 통해 다양하게 변형된 결과물이다. 카네포라종은 원래 서아프리카 재래종이다. 그러던 것이 벨기에령 콩고에서 가져온 묘목을 자바 섬에 심으면서 거의 모든 아라비카종 재배 국가에 퍼져나갔다. 카네포라종은 여러 가지가 있지만 한꺼번에 로부스타라고 부른다. 아라비카종과 로부스타종을 교배해 신품종을 만들기도 한다.

커피의 생김새와 향미는 토양, 일조량, 강수, 바람, 병충해 등 다양한 인자의 영향을 받는다. 여러 가지 품종이 유전적으로는 거의 똑같은데도 지역마다 다른 이름으로 불린다. 아라비카종과 로부스타종의 발전사를 정확하게 추적하기 힘든 이유다. 하지만 다다음 페이지의 가계도를 보면 가장 흔히 재배되는 품종들의 관계를 한눈에 파악할 수 있다.

코페아속

일조량
대부분의 커피 품종은 음지 또는 반음지 조건에서 더 잘 자라지만, 일부 개량종은 뙤약볕도 잘 견딘다.

강수 패턴
비가 일 년 내내 자주 오는지 아니면 우기와 건기가 따로 있는지에 따라 개화 시기가 달라진다.

대기 패턴
온기류와 냉기류의 움직임이 커피체리가 익는 속도와 맛에 영향을 미친다.

커피의 학명

계(系): 식물(Plantae)
강(綱): 속새식물(Equisetopsida)
아강(亞綱): 목련(Magnoliidae)
상목(上目): 국화(Asteranae)
목(目): 용담(Gentianales)
과(科): 꼭두서니(Rubiacea e)
아과(亞科): 익소라(Ixoroideae)
족(族): 커피(Coffeeae)
속(屬): 코페아(Coffea)

주로 시판되는 종(種)은 코페아 아라비카와 코페아 카네포라(일명 로부스타)다.

커피체리
커피체리는 줄기를 따라 곳곳에 옹기종기 모여 달린다.

커피꽃
커피꽃에서는 재스민을 연상시키는 은은한 단내가 난다.

덜 익은 커피체리
다 자란 미숙한 커피체리는 단단하고 녹색이다.

말랑해진 커피체리
열매가 익어가면서 색깔이 조금씩 변하고 말랑해진다.

잘 익은 커피체리
종류에 따라 아닌 것도 있지만 대부분은 알맞게 익었을 때 붉은색을 띤다.

너무 익은 커피체리
커피체리는 익으면 익을수록 색깔이 진해지면서 당도가 높아지지만, 너무 익으면 금방 상한다.

단면도
커피체리 안에는 점액질, 파치먼트, 종자가 들어 있다
(16페이지 참조).

가계도

이 가계도를 보면 커피의 가족관계를 한눈에 파악할 수 있다. 학계의 노력 덕분에 요즘에도 신품종이 꾸준히 발견되기 때문에 이 가계도는 앞으로도 계속 발전할 것이다.

현존하는 모든 커피 품종의 관계를 정확히 파악하려면 아직 더 많은 연구가 필요하다. 하지만 일단은 이 가계도만으로도 모두 꼭두서니과에 속하는 리베리카종, 로부스타종, 아라비카종, 엑셀사종이 어떻게 갈라져 나갔는지 이해할 수 있다. 현재는 이 네 가지 중에서 아라비카종과 로부스타종만이 상업재배된다(12~13페이지 참조). 로부스타종에 속하는 품종들은 대체로 아라비카종보다 질이 떨어진다는 평을 받으며 한데 묶어 로부스타로 통칭한다.

아라비카종의 경우 재래종, 부르봉, 티피카를 주축으로 다양한 교배종까지 일일이 열거할 수 없을 정도로 종류가 많다. 때때로 로부스타종이 아라비카종과 자연교배되거나 인공교배해서 신품종이 탄생하기도 한다.

로부스타 교배종
라수나(Rasuna) : 카티모르 + 티피카
아라부스타(Arabusta) : 아라비카 + 로부스타
데바마치(Devamachy) : 아라비카 + 로부스타
히브리도 데 티모르(Hibrido de Timor)/**팀팀**(TimTim)/**보르보르**(BorBor) :
아라비카 + 로부스타
이카투(Icatu) : 부르봉 + 로부스타 + 문도 노보
루이루 11(Ruiru 11) : 루메 수단 + K7 + SL 28 + 카티모르
사르치모르(Sarchimor) : 비야 사르치
+ 히브리도 데 티모르

코페아 카네포라(로부스타)

코페아 리베리카

**이름을 보면
출신지를 알 수 있다**
아라비카종의 이름은 발견된 곳의 지명을 그대로 따르는 경우가 많다. 따라서 같은 품종이라도 여러 가지 명칭으로 불리거나 철자가 조금씩 다를 수 있다. 예를 들어, 게이샤 품종을 어느 곳에서는 게샤 혹은 아비시니안이라고 부른다.

에나레아
(Ennarea)

루메 수단
(Rume Sudan)

딜라
(Dilla)

울리쇼
(Wolisho)

데가/데이가
(Dega/Deiga)

람붕
(Rambung)

게이샤/게샤
아비시니안
(Geisha/Gesha/
Abyssinian)

아루샤
(Arusha)

알게
(Alghe)

타파리켈라
(Tafarikela)

아가로
(Agaro)

김마
(Gimma)

카파
(Kaffa)

재래종

N39

카투라
(Caturra)

미비리지
(Mibirizi)

포인투 부르봉/
라우리나(Pointu
Bourbon/ Laurina)

테키식
(Tekisik/Tekisic)

모카
(Mokka/Mocha/Moka)

잭슨
(Jackson)

K7

파카스
(Pacas)

비야 사르치
(Villa Sarchi)

SL 34

아카이아
(Acaia)

SL 28

부르봉

티피카

자바
(Java)

아라비카 교배종
아카이아(Acaia) : 수마트라 + 부르봉
문도 노보(Mundo Novo) : 수마트라 + 부르봉
카투아이(Catuai) : 문도 노보 + 카투라
마라카투라(Maracaturra) : 마라고지페 + 카투라
파카마라(Pacamara) : 파카스 + 마라고지페
파체 콜리스(Pache Colis) : 카투라
+ 파체 코뭄

상 베르난도
(Sao Bernando)

켄트
(Kent)

마라고지페
(Maragogype/
Maragogipe)

파체 코뭄
(Pache Comum)

수마트라
(Sumatra)

코나
(Kona)

블루마운틴
(Blue Mountain)

비야로보스
(Villalobos)

산 라몬
(San Ramon)

코페아 아라비카

코페아 엑셀사

꼭두서니과

커피 재배와 수확

상록수인 커피나무는 적절한 기후와 고도 조건을 갖춘 70여 개 국가에서 재배된다. 커피 농사는 손이 많이 간다. 게다가 묘목이 자라 꽃을 피우고 열매를 맺으려면 3~5년을 기다려야 한다.

커피나무의 열매를 커피체리라고 한다. 커피체리는 수확기에 나무에서 따는데, 커피체리마다 종자가 두 개씩 들어 있다. 바로 이 종자가 정제 공정(20~23페이지 참조)을 거쳐 커피 생두가 된다. 상업적 목적으로 주로 재배되는 품종은 아라비카종과 로부스타종이다(12~13페이지 참조). 로부스타종은 생산성이 높고 병충해에 강하며 커피체리에서 투박한 향미가 난다. 로부스타종은 꺾꽂이한 가지를 묘상에 심어 몇 달 동안 키운 뒤에 밭으로 옮겨 재배한다. 이와 달리 아라비카종은 종자 상태로 심어 번식시키기 때문에 커피체리의 향미가 더 뛰어나다.

아라비카종 재배하기

건강한 아라비카종 어미나무에 맺힌 잘 익은 커피체리에서 종자를 얻는다. 이 종자를 묘상에 심는 것이 재배의 시작이다.

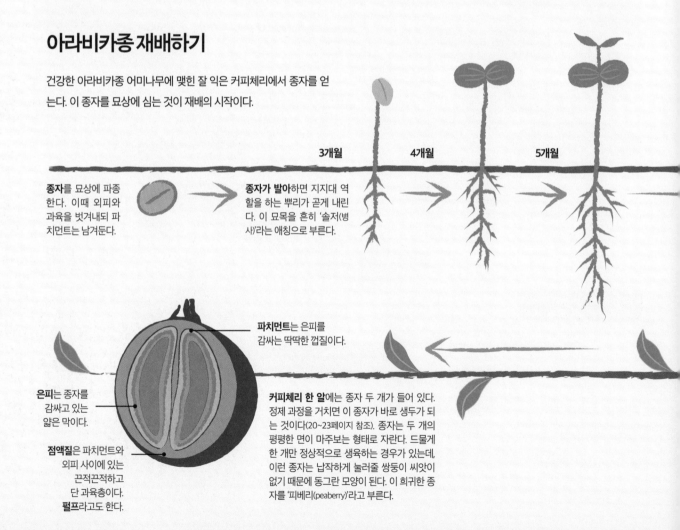

3개월   4개월   5개월

종자를 묘상에 파종한다. 이때 외피와 과육을 벗겨내되 파치먼트는 남겨둔다.

종자가 발아하면 지지대 역할을 하는 뿌리가 곧게 내린다. 이 묘목을 흔히 '솔저(병사)'라는 애칭으로 부른다.

파치먼트는 은피를 감싸는 딱딱한 껍질이다.

은피는 종자를 감싸고 있는 얇은 막이다.

점액질은 파치먼트와 외피 사이에 있는 끈적끈적하고 단 과육층이다. **펄프**라고도 한다.

커피체리 한 알에는 종자 두 개가 들어 있다. 정제 과정을 거치면 이 종자가 바로 생두가 되는 것이다(20~23페이지 참조). 종자는 두 개의 평평한 면이 마주보는 형태로 자란다. 드물게 한 개만 정상적으로 생육하는 경우가 있는데, 이런 종자는 납작하게 눌러줄 쌍둥이 씨앗이 없기 때문에 동그란 모양이 된다. 이 희귀한 종자를 '피베리(peaberry)'라고 부른다.

생육 조건이 커피의 품질에 영향을 미친다.
커피꽃과 커피체리가 강풍과 햇볕,
서리에 약하기 때문이다.

9개월

'솔저'가 잎이 12~16
장 정도 달린 작은 나
무 형태를 갖추면 밭
에 옮겨 심는다.

흙이 많이 붙은 채로
옮겨야 뿌리가 상하지
않는다.

3~5년

커피나무는 노지에
서 최소 3년 이상 자
라야 비로소 꽃을 피
운다.

바로 **이 꽃**이 지면
커피체리가 영근다.

3~5년

가지에 매달린 **커피체리**가 익으면서 색이 짙
어지면 수확할 때가 다가오는 것이다(다음 페
이지 참조). 셰이드트리(shade tree)나 구름이
늘 그늘을 드리우는 곳에서 자란 커피체리의
품질이 가장 좋다. 적도 지역은 기온 때문에
고지대에서만 커피를 재배할 수 있다.

수확하기

아라비카종과 로부스타종은 일 년 내내 지구상 어느 곳에서든 재배된다. 어느 곳에서는 일 년에 한 번만 집중적으로 수확하는가 하면, 어느 지역에서는 두 차례에 걸쳐 열매를 딴다. 간혹 따로 정해진 수확기 없이 거의 연중무휴로 커피체리를 거두어 들이기도 한다.

커피나무는 품종에 따라 몇 미터 높이까지도 자라지만 보통은 수확하기 편하게 1.5미터 정도에서 가지치기한다. 커피체리 수확이 대부분 일꾼의 손으로 이루어지는 까닭이다. 수확 기법은 여러 가지다. 손으로 가지를 한두 차례 훑는 방법이 있고 한 알 한 알 따는 방법이 있다. 전자는 덜 익은 커피체리와 너무 익은 커피체리가 섞인다는 단점이 있고, 후자는 수확기 내내 한 나무에 여러 번 들러야 한다는 불편함이 있다.

기계를 이용해서 가지를 훑거나 나무를 가볍게 흔들어 열매를 떨어뜨리는 방식으로 수확하는 지역도 있는데, 잘 익은 커피체리만 떨어지기 때문에 긁어모아 담기만 하면 된다.

품종과 수율

잘 돌본 건강한 아라비카종 나무 한 그루는 한 철에 커피체리 1~5킬로그램가량을 맺는다. 생두 1킬로그램을 생산하려면 보통 커피체리가 5~6킬로그램 필요하다. 커피체리는 일꾼이 손으로 가지를 훑어 내리거나 잘 익은 열매만 골라 따서 수확하기도 하고 기계를 이용하기도 한다. 이렇게 수확한 커피체리를 습식법 또는 건식법을 통해 여러 단계에 걸쳐 정제하고 나면(20~23페이지 참조) 생두를 품질에 따라 선별하는 작업이 이어진다.

덜 익은 아라비카종 커피체리
아라비카종 커피체리는 한 마디에 10~20개씩 모여 달린다. 충분히 익으면 저절로 가지에서 떨어지기 때문에 꼼꼼히 살펴가며 자주 수확해야 한다. 아라비카종 커피나무는 3~4미터까지 자란다.

잘 익은 로부스타종 커피체리
로부스타종 커피나무는 10~12미터까지 자란다. 따라서 높은 곳의 커피체리를 따려면 사다리를 이용해야 한다. 작고 동글동글한 커피체리가 한 마디에 40~50개씩 달리며, 완전히 익어도 떨어지지 않는다.

아라비카종과 로부스타종의 비교

이 두 가지 주류 품종은 식물학적으로나 화학적으로나 서로 특징과 품질이 다르다. 이러한 특징 차이 때문에 생육 강도와 결실의 지속성은 물론이고 원두의 분류와 가격까지 달라진다. 그뿐만 아니라 품종에 따른 커피 향미도 이 특징에 따라 결정된다.

특징	아라비카종	로부스타종
염색체 아라비카종 커피나무의 유전자 구조를 알면 원두가 왜 그렇게 다양하고 복잡한 향미를 내는지 이해할 수 있다.	**44개**	**22개**
뿌리의 모양 로부스타종은 굵은 뿌리를 얕게 내리기 때문에 아라비카종처럼 깊이 심거나 토양의 공극이 많을 필요가 없다.	**깊게 내린다** 1.5미터 정도 거리를 두고 묘목을 심어야 한다. 그래야 뿌리가 충분히 뻗어나간다.	**얕게 내린다** 로부스타종 나무는 2미터 간격이 적당하다.
이상적인 재배 온도 커피나무는 서리에 취약하다. 따라서 기온이 너무 낮게 내려가지 않는 지역에서 재배해야 한다.	**15~25℃** 아라비카종 나무는 선선한 기후에서 자란다.	**20~30℃** 로부스타종 나무는 약간 더운 기후도 잘 견딘다.
해발과 위도 아라비카종과 로부스타종 모두 북회귀선과 남회귀선 사이의 지대에서 잘 자란다.	**900~2,000m** 고지대는 아라비카종이 자라기에 적합한 기온과 강우 조건을 갖추고 있다.	**0~900m** 로부스타종 나무는 기온이 그렇게 낮을 필요가 없기 때문에 저지대에서 재배한다.
강우량 비를 적당히 맞아야 나무가 꽃을 피운다. 강우량이 너무 많거나 너무 적으면 커피 꽃과 열매가 상한다.	**1,500~2,500mm** 뿌리를 깊게 내리므로 겉흙이 말라도 살아남는다.	**2,000~3,000mm** 뿌리를 얕게 내리므로 폭우가 자주 내리는 곳이 좋다.
개화 시기 두 품종 모두 비를 맞은 후에 개화하지만 강수 주기에 따라 차이가 있다.	**우기 이후** 아라비카종은 우기가 따로 있는 지역에서 재배하는 까닭에 개화 시기를 예측하기가 쉽다.	**불규칙적임** 로부스타종은 보통 날씨가 변화무쌍하고 습한 곳에서 재배하므로 개화 시기가 들쭉날쭉하다.
개화 후 결실까지 꽃이 핀 뒤에 열매가 적당히 성숙할 때까지 걸리는 시간은 품종마다 다르다.	**9개월** 열매가 빨리 성숙한다. 따라서 가지치기와 비료 주기를 자주 안 해도 된다.	**10~11개월** 로부스타종은 상대적으로 천천히 오래 자란다. 따라서 수확 기간이 길고 한가한 편이다.
생두의 오일 함량 오일 함량은 아로마와 관련 있기 때문에 커피의 품질을 결정한다.	**15~17%** 오일 함량이 높기 때문에 매끄럽고 풍부한 맛을 낸다.	**10~12%** 오일 함량이 낮은 로부스타종을 에스프레소 블렌드에 섞으면 두껍고 안정적인 크레마를 만들 수 있다.
생두의 당 함량 생두를 로스팅하는 과정에서 당 함량이 변하는데, 그러면 커피의 산도와 질감이 달라진다.	**6~9%** 잘 로스팅된 원두는 타지 않고 캐러멜화된 당에서 나오는 기분 좋은 본연의 단맛을 갖게 된다.	**3~7%** 단맛이 아라비카종보다 덜하다. 로부스타종은 보통 묵직하고 쓴맛을 내며 강한 여운을 오래 남긴다.
생두의 카페인 함량 카페인은 천연 방충제다. 따라서 카페인 함량이 높은 품종일수록 병충해에 강하다.	**0.8~1.4%** 라우리나 같은 몇몇 희귀 품종은 카페인이 거의 없지만 수율이 낮고 수확이 훨씬 어렵다.	**1.7~4%** 로부스타종은 카페인 함량이 높아 고온다습한 지역에서 흔한 병충해에 강하다.

커피 정제

커피체리는 정제 공정을 거쳐야만 원두다운 원두가 된다. 정제 방법은 지역마다 차이가 있지만, 가장 많이 쓰이는 방법은 건식법과 습식법이다. 건식법은 흔히 '내추럴'이라고 하고, 습식법은 '워시드' 혹은 '펄프드 내추럴'이라고 한다.

커피체리는 완전히 익었을 때 가장 단데, 이때 수확해서 몇 시간 이내에 정제해야 생두의 품질을 보존할 수 있다. 정제 공정은 커피를 완성할 수도 망칠 수도 있다. 아무리 애지중지 키워서 열매를 조심조심 땄더라도 정제 과정에서 방심하면 일 년 농사가 수포로 돌아가고 만다.

정제 방법에는 여러 가지가 있다. 일부 생산자들은 가공시설을 갖추고 수확부터 수출 전 가공까지 커피생두 생산의 전 과정을 자체적으로 관리한다. 한편 규모가 작은 소농장에서는 커피체리를 모아 일명 '스테이션'으로 넘기는데, 이곳에서 건조와 선별 작업이 이루어진다.

전 공정

방식은 다르지만, 목적은 하나다. 탈각해 선별하기 전에, 커피체리를 후 공정에 들어가기에 적합한 상태로 만드는 것이다.

습식법

1 커피체리를 수조에 쏟아붓는다. 보통은 잘 익은 체리와 덜 익은 체리를 한꺼번에 넣지만, 가능하면 잘 익은 체리만 골라 넣는 것이 좋다.

2 펄퍼(pulper, 과육제거기)로 외피와 과육을 제거한다. 펄퍼를 통과한 커피체리에는 점액질이 그대로 붙어 있다(16페이지 참조). 떨어져 나온 외피는 커피농장과 묘목관리장에서 퇴비로 재활용한다.

3 점액질이 붙어 있는 상태로 중량별로 구분해서 수조에 넣는다.

커피체리
갓 수확한 커피체리는 여러 단계에 거쳐 물로 씻거나(위 과정) 잘 헹구어 말린다(아래 과정).

건식법

내추럴

1 커피체리를 통째로 물에 잠깐 담가 물에 뜨는 이물질을 걸러낸다.

2 그런 다음에 커피체리를 파티오나 건조대로 옮겨 2주가량 천일 건조한다.

커피체리를 **천일 건조**하면 표면의 색이 어두워지면서 쪼글쪼글해진다.

펄프드 내추럴

4 점액질이 붙은 상태의 파치먼트를 직접 실어 나르거나 수로를 통해 파티오(patio)나 야외 건조대로 운반한다. 파치먼트를 건조장 바닥에 2.5~5센티미터 두께로 깔고 고루 마르도록 규칙적으로 솎아준다.

5 기후 조건에 따라 7~12일 정도 더 말린다. 커피체리가 너무 빨리 마르면 결점두가 생기고 보관 기간이 짧아지고 향미가 떨어진다. '과르디올라(guardiola)'라는 대형 건조기에 넣어 기계로 말리는 곳도 있다.

며칠 뒤에 보면 촉촉한 파치먼트에 끈적끈적한 점액질이 아직 붙어 있다.

완전히 건조된 후 파치먼트가 남아 있는 생두에는 검붉은 얼룩무늬가 져 있다.

워시드

4 커피체리를 수조에 12~72시간 동안 담가두어 점액질이 완전히 분해될 때까지 발효시킨다. 그런 다음 물로 한 번 헹구어낸다. 향미와 외관을 더 좋게 만들기 위해 이 과정을 두 번 거치기도 한다.

5 과육이 완전히 제거되면 파치먼트 상태의 깨끗한 원두를 건져 건조장 콘크리트 바닥이나 건조대에 펼쳐놓고 4~10일 동안 말린다.

6 중간에 상한 원두를 수작업으로 골라내고 전체적으로 뒤집어 고르게 건조시킨다.

잘 마른 파치먼트 상태의 생두는 균일하고 깨끗한 연한 베이지 색을 띤다.

햇볕 아래서 **충분이 건조**되면 커피체리가 좀 더 쪼그라들고 갈색을 띤다.

일반적으로는 습식법으로 정제할 때 커피 본연의 향미가 가장 잘 표출된다.

후 공정 →

후공정

내추럴 방식이나 펄프드 내추럴/워시드 방식으로 전공정을 마친 커피원두는 후 공정에 들어가기 전에 2개월 이내의 휴지기를 거친다.

펄프드 내추럴

생산자는 원두를 품질에 따라
여러 분류로 나눈다.

워시드

1 파치먼트 상태에서 휴식기를 거친 원두는 후 공정을 위해 드라이밀 (dry mill)로 보내진다.

2 남아 있는 마른 외피, 파치먼트, 은피를 벗겨내면 녹색 생두가 모습을 드러낸다.

3 생두를 작업대나 컨베이어벨트에 펼쳐놓고 기계나 사람 손으로 좋은 생두와 나쁜 생두를 골라낸다.

내추럴

커피는 가장 저렴한 최하위 등급부터
상위 1퍼센트의 최고급 원두까지
어느 하나 버릴 것 없이
저마다 찾는 구매자가 있다.

컨테이너에 합쳐져 화물선에 실린 원두는
목적지에 도착할 때까지 보통 2~4주를 바다에서 보내게 된다.

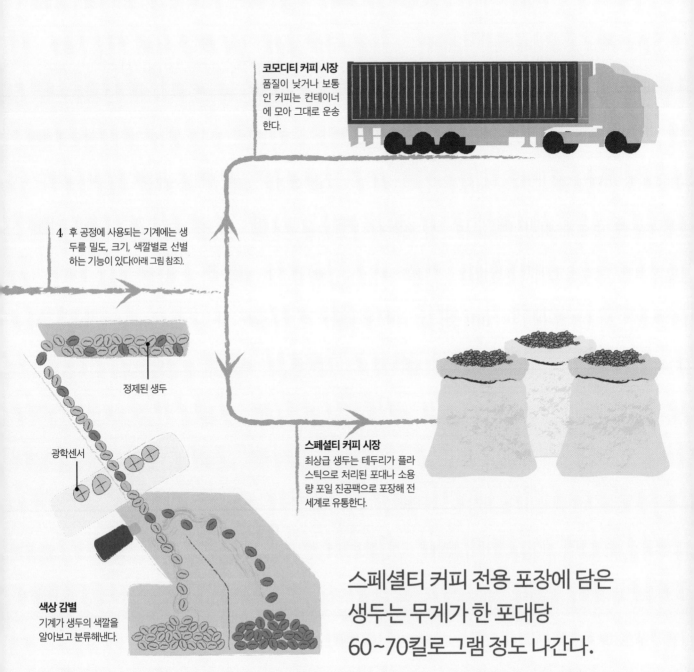

코모디티 커피 시장
품질이 낮거나 보통인 커피는 컨테이너에 모아 그대로 운송한다.

4 후 공정에 사용되는 기계에는 생두를 밀도, 크기, 색깔별로 선별하는 기능이 있다(아래 그림 참조).

정제된 생두

광학센서

스페셜티 커피 시장
최상급 생두는 테두리가 플라스틱으로 처리된 포대나 소용량 포일 진공팩으로 포장해 전 세계로 유통한다.

색상 감별
기계가 생두의 색깔을 알아보고 분류해낸다.

스페셜티 커피 전용 포장에 담은
생두는 무게가 한 포대당
60~70킬로그램 정도 나간다.

커핑 (Cupping)

커피와 와인은 테이스팅을 한다는 점은 같지만 구체적인 방법이 다르다. 커피의 테이스팅을 일컬어 '커핑'이라고 하는데, 커핑을 알게 되면 커피가 가진 예측불허의 섬세한 풍미를 다양하게 체험할 수 있을 뿐만 아니라 여러 커피를 제대로 음미하고 구분하는 법을 배울 수 있다.

커피 업계에서는 커핑을 원두의 품질을 가늠하고 조절하는 기준 절차로 삼는다. 커핑용 커피잔 한 잔으로 원두의 모든 것을 한눈에 파악하는 것이다. 소량 생산되어 봉지포장된 원두의 샘플이든 대용량 용기에서 덜어낸 샘플이든 모든 원두는 커핑을 거친다. 일반적으로 점수는 0점부터 100점 사이로 매긴다.

커핑은 수출입자, 로스터, 바리스타 등 모든 단계에서 커피를 취급하는 관계자들이 반드시 실시하는 필수 관행으로 자리 잡았다. 커피회사를 대신해서 전 세계의 커피를 맛보고 선별하는 일만 전담하는 프로 커퍼(cupper)가 있을 정도다. 국내외에서 최고의 커퍼들이 실력을 겨루는 커핑 경연대회도 매년 활발하게 펼쳐진다. 뿐만 아니라 생산과정 초기부터 커핑을 통해 생두의 품질을 관리하는 커피농장과 정제공장이 점점 늘고 있다.

집에서도 누구나 커핑을 간단하게 할 수 있다. 반드시 시음 전문가만이 커피 한 잔을 두고 향미가 이러니저러니 따질 자격을 가진 것은 아니다. 향미를 묘사하는 다양한 표현을 몸과 머리로 익히려면 꾸준한 연습이 필요하지만, 일단 커핑의 세계에 입문하면 오래지 않아 각지에서 날아온 다양한 커피의 큰 특징이 어떤지 금세 감을 잡고 점차 깊이 있게 파고들 수 있게 된다.

준비물

장비
드립커피용 그라인더
디지털 저울
250밀리리터짜리 내열 커피잔이나 내열유리잔, 또는 사발(크기가 같은 잔이 충분하지 않을 때는 디지털 저울이나 계량컵을 이용해서 모든 잔에 같은 양의 물이 들어가는지 확인한다)

재료
커피 원두

커핑 순서

각 원두마다 한 잔씩 준비해서 맛을 비교해가며 음미하면 된다. 미리 갈아놓은 커피가루를 사용해도 되지만 그 자리에서 직접 간 원두가 훨씬 더 상쾌한 향미를 낸다(38~41페이지 참조).

1 원두 12그램을 커피잔에 담는다. 원두 1회 시음 분량을 중간 굵기로 분쇄해서 다시 커피잔에 담는다(TIP 참조).

2 다른 잔에도 똑같이 원두를 준비한다. 단, 중간에 다음번 커핑용 샘플과 똑같은 종류의 원두 약간을 넣고 갈아서 그라인더를 청소해야 한다.

3 모든 잔에 커피가루가 준비되면, 가루의 향을 맡고 차이점을 평가해서 기록한다.

TIP

커핑할 잔마다 원두를 따로 갈아야 한다. 같은 원두를 여러 번 시음하더라도 말이다. 그래야 한 곳에 있던 결점두가 다른 잔들에 섞이지 않는다.

4 물을 끓인 뒤에 93~96℃로 식힌다. 이 물을 커피잔에 붓고 커피가루가 골고루 분산되게 한다. 물을 끝까지 가득 붓거나 저울이나 계량컵을 이용해서 물의 양을 매번 똑같게 유지해야 한다.

5 커피가 우러나도록 4분 동안 기다린다. 커피액 표면에 떠 있는 커피가루 부스러기층을 크러스트(crust)라고 하는데, 이 시간 동안 '크러스트'의 향을 평가한다. 커피잔을 들거나 건드리지 않도록 주의한다. 크러스트만으로도 어떤 커피의 향이 다른 커피보다 더 강하거나, 약하거나, 낫거나, 나쁘다는 것을 느낄 수 있다.

6 4분이 지나면 스푼으로 커피 표면을 천천히 세 바퀴 저어서 크러스트를 깨뜨리고 커피가루를 가라앉힌다. 한 커피의 향이 다른 커피에 섞이지 않도록 잔을 옮겨갈 때마다 스푼을 뜨거운 물에 헹구어야 한다. 크러스트를 깨면서 코를 잔 가까이에 가져가 커피액에서 방출되는 향을 맡는다. 5단계에서 느꼈던 향이 좋게 변했는지 아니면 나쁘게 변했는지 평가한다.

7 크러스트가 완전히 깨지면 스푼 두 개를 이용해서 표면에 떠 있는 거품과 찌꺼기를 걷어낸다. 이때도 잔을 옮겨갈 때마다 스푼을 뜨거운 물에 헹구어야 한다.

8 커피가 맛보기 좋을 정도로 식으면, 스푼으로 커피를 떠서 스읍 소리를 내며 들이킨다. 그러면 섞여 들어온 공기 덕분에 커피의 향이 후각계에 더 잘 퍼지고 액체가 입천장으로 넓게 뿜어진다. 커피가 입안을 감도는 느낌과 입안에서 퍼지는 향을 찬찬히 음미하자. 어떤 질감이 느껴지는가? 가벼운가? 기름진가? 부드러운가? 거친가? 우아한가? 드라이한가? 크림 같은가? 맛은 어떤가? 전에 먹어봤던 어떤 음식이 생각나는가? 그게 무엇인지 콕 집어 말할 수 있는가? 견과, 베리, 향신료의 느낌이 나는가?

9 커피 샘플을 왔다 갔다 하면서 향미를 비교한다. 커피가 식어가면서 향미가 어떻게 변하는지 잘 관찰하고 자세히 기록한다. 이렇게 적어두면 시음한 커피를 더 정확하게 평가할 수 있고 나중에 다시 봐도 커핑한 커피의 특징이 더 잘 기억난다.

물은 생각보다 **빨리 식는다**. 그러므로 알맞은 온도가 되자마자 재빨리 부어야 한다.

스푼으로 젓기 전에 **크러스트**가 무너져 내려서는 안 된다. 만약 크러스트가 저절로 깨졌다면 물이 너무 차거나 로스팅이 너무 가벼운 것이다.

크러스트를 깨고 나면 스푼 두 개를 이용해서 거품을 걷어낸다.

커핑을 할 때는 후각뿐만 아니라 촉각도 총동원해야 한다. 커피에서 어떤 질감이 느껴지는가? 유연한가? 시럽 같은가? 섬세한가? 꺼끌꺼끌한가? 뒷맛은 또 어떤가?

향미 평가하기

커피는 놀랄 만큼 다양하고 복잡한 향미를 갖고 있다. 이런 미묘한 차이를 잡아낼 줄 알게 되면 최고의 커피를 우려낼 수 있다.

커핑 연습을 꾸준히 하면 금세 미각이 살아나 커피 감별 능력이 쑥쑥 발전한다. 네 가지 향미표를 활용해 커피의 향과 맛, 질감, 산도, 뒷맛을 음미하고 커피마다 어떻게 다른지 비교해보자.

향미표 활용법

먼저 커피에서 가장 크게 느껴지는 맛을 향미표에서 선택한다. 그런 다음 산도표, 질감표, 뒷맛표를 보고 입천장에서 느껴지는 물리적인 감각을 구분한다.

1 **커피에 물을 붓는다** 코로 향을 맡고 향미표를 참조해서 어떤 향이 나는지 생각한다. 견과류 느낌이 나는가? 그렇다면 어떤 견과에 가장 가까운가? 헤이즐넛? 땅콩? 아니면 아몬드?

2 **한 모금 머금는다** 이번에도 향미표를 이용한다. 입 안에서 과일맛이나 향신료맛이 나는가? 무엇이 없고 무엇이 있는지 잘 생각해보자. 대분류 먼저 결정한 다음에 구체적인 종류를 파고들자. 과일이라면 그중에서도 핵과류인가, 감귤류인가? 감귤류라면 레몬의 느낌인가, 자몽의 느낌인가?

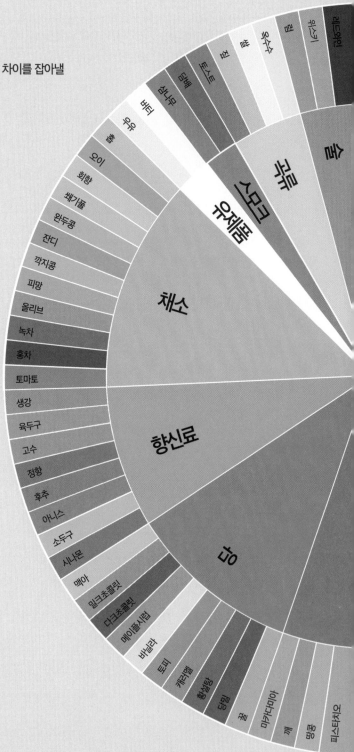

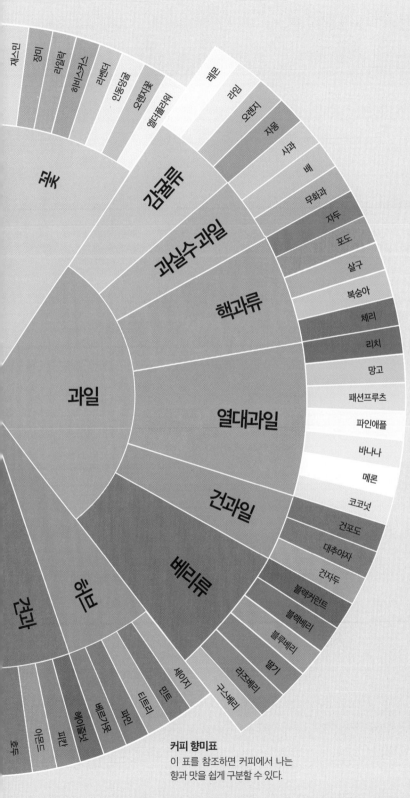

커피 향미표
이 표를 참조하면 커피에서 나는 향과 맛을 쉽게 구분할 수 있다.

3 **다시 한 모금 머금는다** 기분 좋은 산미가 있으면 커피가 더 신선하게 느껴진다. 커피 맛이 밝은가? 진한가? 온화한가? 아니면 아무 맛도 안 나는가?

4 **이번에는 질감에 집중한다** 커피는 질감에 따라 가볍게 느껴질 수도 있고 묵직하게 느껴질 수도 있다. 커피가 입안에서 감미로우면서 진한가, 아니면 가벼우면서 상쾌한가?

5 **삼킨다** 뒷맛이 오래 남는가 아니면 금세 사라지는가? 평범한가 아니면 쓰고 불쾌한가? 뒷맛표에서 적절한 표현을 하나 고르자.

커피 노하우

원두 품질의 지표

커피 회사들은 커피 포장지에 전문용어를 쓰는 것을 좋아한다. 그런데 소비자들은 이것을 보고 내용을 완전히 잘못 이해하거나 무슨 말인지 알 수 없어 고민에 빠지기 일쑤다. 이럴 때 용어를 잘 알면 각자 원하는 커피를 제대로 고를 수 있다.

원두 구분하기

어떤 커피 포장지에는 원두가 아라비카종인지 로부스타종인지만 적혀 있다. 이는 와인으로 치자면 레드와인인지 화이트와인인지만 말해주는 것일 뿐, 소비자가 현명하게 구매하기에는 정보가 턱없이 빈약하다. 일반적으로는 로부스타의 수준이 아라비카보다 떨어지지만 '100퍼센트 아라비카'라고 해서 무조건 좋은 커피라는 뜻은 아니다. 훌륭한 로부스타도 있긴 있지만 드물기 때문에 잘 모르면 아라비카를 구입하는 것이 안전하다. 하지만 아라비카 중에도 엉망인 것이 적지 않다. 그렇다면 우리는 라벨에서 무엇을 읽어야 할까?

좋은 커피원두의 포장지에는 재배지, 품종, 가공법, 향미(33페이지 참조)와 같은 정보가 아주 자세히 적혀 있다. 요즘에는 똑똑한 소비자가 늘어나 어떤 커피가 좋은 커피인지 잘 알고 있기 때문에 로스터들도 유통이력을 정직하게 공개하는 것이 소비자를 만족시킬 유일한 열쇠임을 잘 알고 있다.

블렌드 커피와 싱글오리진 커피

기성품 커피 업체와 스페셜티 커피 업체 모두 커피를 블렌드 혹은 싱글오리진으로 구분한다. 이 정보는 원두의 특징을 대강 짐작하는 데 도움이 된다. 블렌드는 여러 가지 원두를 섞어 독특한 향미를 창조해낸 것이고 싱글오리진은 한 국가 혹은 한 농장에서 재배된 것이다.

블렌드

블렌드가 유명한 데에는 다 이유가 있다. 블렌드 커피는 사시사철 일정한 향미를 낸다. 업계에서는 각자의 블렌딩 조성과 비율을 철저한 비밀에 부치고 절대로 공개하지 않는다. 라벨에도 어느 나라에서 재배된 어떤 품종의 원두를 썼는지는 나와 있지 않다. 반면에 자신감 넘치는 스페셜티 로스터들은 블렌딩한 내용을 라벨에 구체적으로 적는다. 각 원두가 어떤 특징을 가지고 있고 각각의 향미가 서로를 어떻게 보완해서 균형을 맞추는지까지 세세하게 설명해가며 말이다(다음 페이지의 블렌드 예시 참조).

싱글오리진

'싱글오리진'이란 보통 한 나라에서 재배된 원두를 일컫는다. 하지만 원두를 출신 국가로만 분류하는 것은 너무 광범위하다. 한 나라 안에서도 여러 지역과 여러 농장의 커피가 섞일 수 있고 품종과 가공 방법도 다양하기 때문이다. 원두의 품질에도 차이가 난다. 100퍼센트 브라질산이라도 100퍼센트 훌륭한 원두는 아니라는 말이다. 마찬가지로 같은 지역에서 재배된 원두라도 맛이 제각각이라는 면에서 향미가 어떻다고도 단정할 수 없다.

그런데 스페셜티 커피 전문점들이 '싱글오리진'이라고 표현할 때는 그 의미가 조금 다르다. 나라나 지역이 아니라 한 농장, 한 협동조합, 심지어 한 생산업자 가족을 가리키는 경우가 많다. 이런 싱글오리진 원두는 커피 맛이 최상으로 유지되는 기간에 한해 재고가 소진될 때까지 소량만 판매되기 때문에 일 년 중 구할 수 없는 시기가 생길 수도 있다.

'블렌드'란 여러 나라에서 온 원두를 섞은 것을 말한다.
'싱글오리진'이란 한 나라, 한 협동조합, 혹은
한 농장에서 재배된 원두를 말한다.

충실한 총괄적 관리

싱글오리진이든 블렌드든, 원두에 내재한 향미를 보존한다는 일념으로 원두의 재배에서부터
가공, 운송, 로스팅까지 전 과정이 충실한 원두는 우리에게 천상의 맛을 선사한다. 이런 사업 원
칙에 대한 긍지가 밑거름이 되지 않았다면 스페셜티 커피 업체들은 최고의 커피를 시장에 내놓
을 수 없었을 것이다.

블렌드 예시

로스터들은 풍성한 향미를 창조하기 위해 여러 가
지 원두를 블렌딩한다. 블렌딩에 사용된 원두 각각
의 출신지와 성질이 포장지에 자세히 나와 있다. 아
래 그림은 블렌딩이 잘 된 좋은 예다.

**20% 케냐 AA,
SL 28, 워시드**
밝은 산미,
블랙커런트, 체리

블렌드
과일, 견과류, 초콜릿이
조합된 복합적인 향미,
달콤한 뒷맛 그리고
시럽 같은 질감

**30% 니카라과,
카투라, 워시드**
스위트,
캐러멜, 구운 헤이즐넛
밀크초콜릿

**50% 엘살바도르,
부르봉,
펄프드 내추럴**
균형적,
자두, 사과, 토피

원두를 고르고 보관하기

집에서 내려 마시기에 좋은 고품질의 커피를 구입하는 것은 생각보다 쉽다. 동네에 가까운 커피전문점이 없더라도 말이다. 많은 로스터들이 온라인 쇼핑몰을 운영하고 있다. 이곳에서는 원두와 추출도구를 판매할 뿐만 아니라 각 원두로 최고의 커피를 뽑아내는 요령도 알려준다.

원두 고르기

어디서 살까?

보통 슈퍼마켓에서는 신선한 커피를 구할 수 없다. 그보다는 동네 커피전문점이나 온라인 숍에서 갓 볶은 원두를 주문하는 것이 현명한 방법이다. 하지만 보통은 원두 종류가 너무 많아 당황하기 쉽고 알쏭달쏭한 설명을 읽다가 진이 다 빠지기 십상이다. 그렇다고 번거롭다는 이유로 기본적인 조사도 없이 아무거나 골라잡지는 마시길. 생각보다 어렵지 않다. 원두의 특징과 포장 방법 등 몇 가지 중요한 요소를 중점적으로 살펴보자. 자신의 미각을 믿고 열린 마음으로 다양한 커피를 마셔보고 꼼꼼하게 비교하자. 마침내 당신이 원하는 바로 그 맛의 커피를 찾을 때까지.

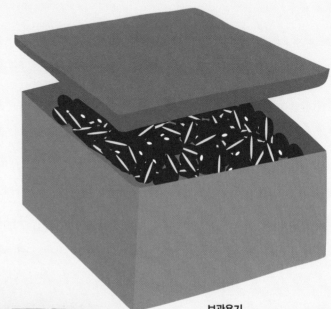

보관용기
매장에 가서 원두를 살 때는 로스팅 날짜를 확인하기 바란다. 원두를 용기에 넣고 뚜껑을 닫아두어야만 최상의 상태가 유지된다. 밀폐용기에 보관하지 않은 원두는 며칠 이내에 풍미를 잃고 만다.

저울
신선한 커피를 원한다면 원두를 소량 구매할 것을 권한다. 가능하면 한 번에 일주일 이내에 소비할 분량씩만 구매하자. 보통은 100그램 정도가 적당하다.

포장지에서 눈여겨봐야 할 것들

흔히 커피는 멋들어진 포장지에 담겨 팔린다. 하지만 자세히 살펴보면 포장지에 원두에 관한 영양가 있는 정보가 제대로 적혀 있는 경우는 거의 없다. 포장지에 쓸모 있는 정보가 많을수록 소비자가 좋은 원두를 구매할 확률이 높아진다.

원웨이 밸브(One-way valve)

갓 볶은 원두에서는 로스팅 과정의 부산물로 이산화탄소가 방출된다. 이 이산화탄소를 날려보내겠다고 볶은 원두를 밀폐용기에 넣지 않고 방치하면 산소가 들어와 원두의 복합적인 향미가 사라진다. 하지만 원두를 원웨이 밸브가 달린 백에 보관하면 이산화탄소는 빠져나가게 하면서도 산소의 유입을 막을 수 있다.

날짜

포장지에 로스팅 날짜와 포장한 날짜가 찍혀 있는지 반드시 확인한다. 유통기한만으로는 부족하다. 시중의 커피 업체들은 대개 이 원두를 언제 볶았고 언제 포장했는지 알려주지 않는다. 달랑 언제까지 사용해도 좋다는 날짜만 찍어낼 뿐이다. 그것도 보통은 12개월에서 24개월 정도로 길게 잡는다. 이건 커피를 위해서도 소비자를 위해서도 결코 좋은 방식이 아니다.

원두의 종류

포장지에 원두의 품종이 무엇이고 어디서 재배되었는지가 적혀 있어야 한다. 포장지를 보고 블렌딩한 원두인지 아니면 단일품종인지도 알 수 있어야 한다(30~31 페이지 참조).

로스팅 정도

포장지에 로스팅 정도가 표시되어 있는 것이 좋다. 문제는 용어가 표준화되어 있지 않다는 것이다. 사람들에게 '미디엄 로스팅'이 원두의 갈색이 얼마나 짙을 때를 말하느냐고 물어보면 각양각색의 답이 돌아온다. 일반적으로 '필터 로스팅'은 원두의 색이 더 옅은 상태를 가리키고 '에스프레소 로스팅'은 더 짙은 상태를 가리킨다. 하지만 어느 로스터의 필터 로스팅 원두가 다른 로스터의 에스프레소 로스팅 원두보다 짙은 경우는 결코 드물지 않다. 이럴 때는 혼자 고민하지 말고 박식한 직원에게 조언을 구하는 것도 나쁘지 않다.

FINCA LA SAETA
DE CORAZON
PITALITO, HUILA,
COLOMBIA
Margarita Maria
Salazar Huertas

07-05-21

100% CATURRA
SEMI-SHADE GROWN

**LIGHT-MEDIUM
ROAST**
SUITABLE FOR
FILTER-STYLE BREWING

This beautiful, **fully washed coffee** is from Señorita Salazar's 2-hectare (5-acre) farm outside Pitalito, with an altitude of 1,700m (5,577ft) above sea level. It shines in the cup, with **bright lemongrass acidity**, rose hip, green apple, and honey notes, and a **delicate, creamy texture**.

THE COFFEE BOOK ROASTING COMPANY

원두의 유통이력

포장지를 보고 협동조합과 원두 정제공장의 이름이 무엇인지, 농장의 형태가 아시엔다(hacienda)인지 핀카(finca)인지 아니면 파젠다(fazenda)인지, 농장 소유주나 관리자가 누구인지까지 알 수 있다면 더할 나위 없이 좋다. 생산유통 경로를 자세히 추적할 수 있다는 것은 생산자부터 소매업자까지 전 과정에 걸쳐 믿을 만한 시스템을 통해 공정한 가격으로 거래되는 상품을 구매한다는 뜻이기 때문이다.

풍미

원두가공 방법과 이 원두로 내린 커피에서 어떤 풍미가 나는지에 관한 설명이 있어야 한다. 이와 더불어 재배 고도와 음지 재배 여부도 알 수 있다면 원두의 품질을 더 정확하게 추측할 수 있다.

포장하기

산소와 열기, 빛, 습기, 강한 냄새는 커피를 망치는 주범이다. 뚜껑이나 투명 덮개 없이 지저분한 용기에 담겨 있거나 호퍼(hopper)에 들어 있는 원두는 구입하지 않는 편이 낫다. 더불어 로스팅한 날짜도 반드시 확인해야 한다. 관리 상태가 엉망인 보관용기는 원두의 품질을 지키는 데 하등 도움이 되지 않는다. 원웨이 밸브가 달린 불투명한 봉투에 밀폐 포장된 원두를 고른다. 원웨이 밸브는 작은 플라스틱 디스크 모양인데, 가운데 난 작은 구멍을 통해 안에 있던 이산화탄소는 빠져나가지만 바깥의 산소는 들어가지 못한다. 단, 그래프트지로 만들어진 백은 공기차단 기능이 약하기 때문에 뚜껑을 열어 놓은 커피통과 다를 바가 없다. 또한, 단단하게 진공 포장된 커피도 피하는 것이 좋다. 보통은 이미 오래 되어 가스가 다 빠져나간 원두를 이런 식으로 포장하기 때문이다. 가급적이면 가장 신선한 원두를 구매해야 한다. 원두는 로스팅한 지 일주일 정도만 지나도 확실히 달라진다.

비싼 게 늘 더 좋을까?

흔히 저렴한 커피는 십중팔구 질이 낮다고들 말한다. 하지만 이런 커피가 싼 것은 유통 가격이 생산 원가보다 훨씬 낮게 매겨지기 때문인 경우가 많다. 동물의 배설물에서 소량 채취했다든지 해외 오지에서 어렵게 구했다든지 하면서 허풍을 잔뜩 부리고 괜히 비싸게 파는 마케팅 술수에 말려들어서는 안 된다. 커피의 뛰어난 향미가 아닌 브랜드에 웃돈을 얹어주는 것은 어리석은 짓이다. 일반 원두나 고급 원두나 가격대는 거기서 거기이기 때문에, 어떤 원두로든 훌륭한 커피를 만들어 낸다면 그것이야말로 가장 실속 있는 사치를 누리는 셈이다.

TIP

요즘 품질을 우선시하는 커피전문점들은 직접 로스팅한 원두와 함께 에어로프레스와 같은 일인용 추출도구도 판매한다. 바리스타의 추천을 받아 자신에게 적합한 추출도구를 고르고 올바른 사용 방법을 배우자.

저가 커피와
엄선된 고급 커피 사이의 가격 차이는
많은 이가 생각하는 것보다 훨씬 작다.

보관하기

집에서 신선한 커피를 즐기려면 홀빈(whole bean)을 구매해서 가정용 그라인더로 그때그때 갈아 내려 마시는 것이 가장 좋다. 분쇄커피는 몇 시간만 지나도 풍미를 잃지만, 홀빈은 단단히 밀봉해서 보관한다면 며칠 혹은 몇 주를 끄떡 없이 버텨낸다. 한두 주 소비할 분량씩만 구매하자. 수동식이든 전동식이든 버가 장착된 가정용 그라인더(38~41페이지 참조)를 구비해놓고 홀빈과 짝 맞추어 사용하길 권한다.

이렇게 하자

원두를 밀폐용기에 담아 건조하고 어두운 곳에 보관한다. 냄새가 강하게 나는 곳은 피한다. 원두 포장백의 밀폐력이 충분히 강하지 않다면, 백을 터퍼웨어(tupperware)나 비슷한 밀폐용기에 넣어둔다.

이건 하지 말자

원두를 냉장고에 넣는 것은 좋지 않다. 하지만 장기간 보관해야 할 때는 냉동실에 넣어두었다가 쓸 만큼만 꺼내어 해동될 때까지 기다려야 한다. 한 번 해동한 원두를 다시 얼려서는 안 된다.

오래된 커피와 신선한 커피 비교

잘 볶은 지 얼마 안 된 원두에서는 깊고 달콤한 향이 나면서 씁쓸하거나 시거나 비릿한 금속 냄새는 나지 않는다. 원두의 신선도는 이산화탄소의 유무로 쉽게 가늠할 수 있다. 옆의 사진을 보고 커핑 기법을 이용해서 두 가지 원두로 추출한 커피가 서로 어떻게 다른지 확인하자.

신선한 커피

신선한 원두로 내린 커피에서는 물이 이산화탄소와 반응하면서 공기방울을 만들어 꽃을 피운다. 이 거품층은 1~2분 뒤에 잦아든다.

오래된 커피

오래된 원두로 내린 커피에는 이산화탄소가 거의 또는 전혀 없다. 자연히 밋밋하고 빈약한 거품층이 형성된다. 분쇄한 커피가루는 푸석푸석하고 잘 뭉치지 않는다.

홈 로스팅

집에서 직접 생두를 로스팅해 내 취향에 맞춘 나만의 커피를 만들어보자. 홈 로스팅을 할 때 전기로 작동하는 가정용 로스터를 이용하면 조건을 일정하게 통제할 수 있다는 장점이 있지만, 로스터가 없다면 간단하게 팬에 생두 일정량을 넣고 자주 저어가며 볶아도 된다.

어떻게 로스팅할까?

시간, 온도, 그리고 로스팅 강도의 절묘한 균형점을 찾기까지는 적지 않은 시행착오를 겪어야 할 것이다. 하지만 로스팅 자체가 매력적인 작업인 데다가 손에 익히는 과정에서 로스팅을 어떻게 하느냐에 따라 커피에서 어떤 향미가 생기고 없어지는지 제대로 이해할 수 있다. 로스팅 조건을 일정하게 고정한 상태에서 연습에 연습을 거듭하다보면 언젠가 나에게 가장 잘 맞는 방식을 찾게 될 것이다. 먹음직스러운 갈색이 돌도록 볶는다는 것은 공통 원칙이지만, 그러기 위한 기술적 요령은 원두마다 다르다. 따라서 로스팅할 때마다 로스팅 절차와 원두의 향미를 구체적으로 적어놓는 게 좋다. 그러면 머지않아 로스팅을 웬만큼 능숙하게 해내는 요령을 터득하게 될 것이다. 기본적으로 로스팅 시간은 10~20분 정도로 잡는다. 이보다 짧으면 원두에 녹색이 남고 떫은맛이 난다. 반대로 이보다 길면 맹맹하고 텅 빈 맛이 나는 원두가 된다. 만약 가정용 전자 로스터를 사용한다면, 제품설명서를 잘 읽어둘 필요가 있다.

로스팅 단계

커피콩은 로스팅 과정에서 크기가 커지고 표면이 물러지면서 다양한 아로마를 방출한다.

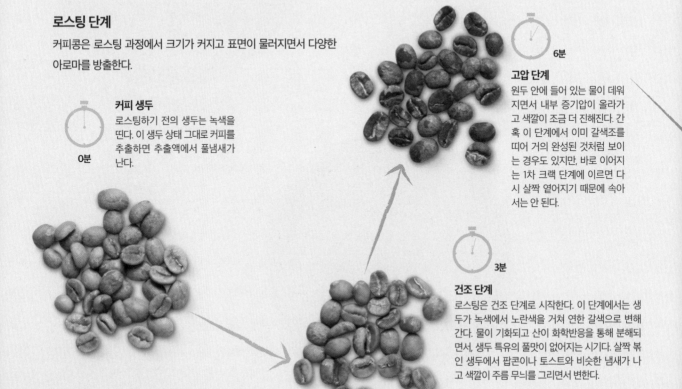

커피 생두
0분
로스팅하기 전의 생두는 녹색을 띤다. 이 생두 상태 그대로 커피를 추출하면 추출액에서 풀냄새가 난다.

건조 단계
3분
로스팅은 건조 단계로 시작한다. 이 단계에서는 생두가 녹색에서 노란색을 거쳐 연한 갈색으로 변해간다. 물이 기화되고 산이 화학반응을 통해 분해되면서, 생두 특유의 풀맛이 없어지는 시기다. 살짝 볶인 생두에서 팝콘이나 토스트와 비슷한 냄새가 나고 색깔이 주름 무늬를 그리면서 변한다.

고압 단계
6분
원두 안에 들어 있는 물이 데워지면서 내부 증기압이 올라가고 색깔이 조금 더 진해진다. 간혹 이 단계에서 이미 갈색조를 띠어 거의 완성된 것처럼 보이는 경우도 있지만, 바로 이어지는 1차 크랙 단계에 이르면 다시 살짝 옅어지기 때문에 속아서는 안 된다.

좋은 재료는 기본

온라인 숍이나 커피전문점에서 수확한 지 얼마 안 된 품질 좋은 생두를 구해 로스팅 연습을 시작한다면, 집에서도 어느 유명 전문점 커피 못지않은 원두를 만들어낼 수 있을 때까지 그리 오래 걸리지 않을 것이다. 다만 필요한 것은 끝없는 연습뿐이다. 아무리 좋은 생두를 쓰더라도 처음에는 커피의 향미를 망칠 공산이 크다는 사실을 명심하자.

한편, 생두가 오래되거나 품질이 나쁘면 괜찮은 원두가 나올 일은 절대로 없다. 이런 생두를 버리지 않고 할 수 있는 일은 그저 맹맹하고 텁텁한 맛을 탄내로 가릴 만큼 아주 진하게 볶는 것뿐이다.

TIP

만족스러운 결과물을 얻으면 원두를 불에서 내려 2~4분 동안 식히고 가스가 적당히 빠져나갈 때까지 하루 이틀 정도 기다렸다가 커피를 우려 마신다. 에스프레소를 추출할 생각이라면 이 대기 시간을 1주 정도로 늘린다.

13분

로스팅 단계

당과 산, 기타 커피성분들이 활발히 반응하면서 커피의 향미가 제대로 나기 시작한다. 산은 분해되고, 당은 캐러멜화되고, 세포벽은 마르면서 약해진다.

16분

2차 크랙

가스압에 의해 2차 크랙까지 일어나고 나면 약해진 원두 표면의 틈새로 오일이 배어나온다. 에스프레소용 원두는 대부분의 경우 2차 크랙이 막 시작되었을 때 혹은 정점에 이르렀을 때까지 볶는다.

9분

1차 크랙

원두의 세포벽이 증기압에 못 이겨 결국 찢어지면서 팝콘이 튀는 것과 비슷한 소리가 난다. 이렇게 1차 크랙이 일어나면 원두의 크기가 커지고 표면이 약간 물러지면서 색깔이 균일해진다. 이 시점에 이르러서야 비로소 진짜 커피와 비슷한 냄새가 나기 시작한다. 원두를 드리퍼나 프렌치프레스용으로 볶는 거라면 1차 크랙 후 1~2분 있다가 로스팅을 마친다.

20분

2차 크랙 이후

이 시점에 이르면 원두 본연의 향미는 거의 사라지고 없다. 탄내와 쓴맛만 진하게 날 뿐이다. 표면으로 흘러나온 오일이 산화되기 때문에 맛이 빨리 상한다.

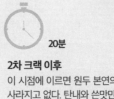

원두 분쇄하기

사람들은 비싼 커피 추출도구에는 투자를 아끼지 않는다. 하지만 더 좋은 커피를 만드는 훨씬 쉬운 방법이 따로 있다는 사실을 아는 사람은 적다. 바로 신선한 원두를 좋은 그라인더로 가는 것이다.

어떤 그라인더가 좋을까?

에스프레소와 드립커피에 적절한 그라인더는 따로 있다. 그러니 41페이지까지 이어지는 그림 설명을 참고해서 자신이 선호하는 추출 방법에 맞는 그라인더를 구입해야 한다. 그런데 그전에 먼저 그라인더의 기본적인 특징을 알아보자.

시중에는 칼날이 달린 그라인더가 가장 많이 나와 있다. 이런 그라인더는 작동 버튼을 누르면 계속 돌아간다. 그런데 초시계까지 동원해가며 시간과 입자 크기 등의 그라인딩 조건을 똑같이 맞추더라도 가루 입자의 크기가 그때그때 달라진다. 원두의 양이 다르면 그 차이는 더 커진다. 칼날 그라인더는 커피잔 바닥에 찌꺼기를 많이 남긴다는 단점도 있다. 이것은 프렌치프레스로 내렸을 때 가장 심하다. 대신 이런 그라인더는 대체로 저렴하다. 만약 칼날 그라인더에 만족하지 않고 욕심을 더 낼 요량이라면, 코니컬 버나 플랫 버(아래 그림 참조)가 달린 그라인더를 추천한다. 이 그라인더로 간 원두는 입자 크기가 균일하고 일관적인 커피 맛을 만들어낸다. 입자 크기는 레버를 표시된 눈금에 맞추어 단계적으로 조정하거나 눈금 없이 각자 원하는 대로 미세 조정한다. 버 그라인더라고 해서 다 비싼 것은 아니다. 손으로 직접 돌려야 하는 제품은 부담 없는 가격에 구입할 수 있다. 하지만 예산이 넉넉하거나 평소에 커피를 많이 마신다면 전동식 그라인더를 구입하는 것을 권한다. 전동식 그라인더에는 대개 타이머 기능이 있기 때문에 필요한 양만 분쇄할 수 있다. 같은 양이라도 굵게 갈면 시간이 덜 걸리고 곱게 갈면 더 오래 걸린다는 점을 기억해두자.

코니컬 버(Cornical Burr)
코니컬형은 플랫형보다 더 튼튼하다. 그래도 원두를 750~1000킬로그램 정도 갈고 나면 교체해주어야 한다.

플랫 버(Flat Burr)
플랫 버가 장착된 그라인더는 약간 더 저렴하다. 원두를 약 250~600킬로그램 갈았을 때 버를 교체한다.

드립커피용 그라인더

드립커피용 그라인더는 에스프레소용 그라인더보다 저렴하다. 입자 크기를 조정하는 기능이 있지만, 원두를 에스프레소에 적합할 정도로 곱게 갈지는 못한다. 분쇄량을 자동조절할 수도 없다.

바로 앞에서도 설명했지만, 칼날이 선풍기처럼 돌아가면서 원두를 마구 다지는 방식의 그라인더는 피하는 것이 좋다. 입자 크기가 들쑥날쑥하게 나오는 탓에 고운 가루에서는 과다 추출이 일어나면서 동시에 큰 조각에서는 커피가 한 방울도 추출되지 않을 가능성이 크기 때문이다. 그러면 커피 향미의 균형이 깨지기 십상이다. 좋은 원두를 정석대로 추출했더라도 말이다.

호퍼
평소에 마시는 분량의 원두가 충분히 들어가는 크기여야 한다.

타이머 다이얼
일부 제품에는 타이머 기능이 있어서 자동으로 꺼진다.

입자 크기 조절부
본체를 죄다 분해할 필요 없이 손쉽게 세팅할 수 있는 제품을 고른다.

드립커피용 전동 그라인더
편리하고 사용법이 간단하다. 전용 세제를 사용해서 정기적으로 청소해야 한다.

받침통
여기에 커피가루를 오래 넣어두지 말고 그때그때 쓸 만큼만 분쇄한다.

드립커피용 수동 그라인더
약간의 참을성과 노동이 필요하지만, 소량만 필요하거나 전기를 쓰지 않고 갓 내린 커피를 즐기는 쪽을 선호하는 사람에게 적합하다.

에스프레소용 그라인더

미세조정이 가능하기 때문에 원두를 아주 곱게 갈 수 있고 정량씩 내려 받을 수 있다. 더 튼튼한 모터가 들어 있는 탓에 드립커피용 그라인더보다 더 무겁고 고가이지만, 집에서 제대로 된 에스프레소를 마시고 싶다면 충분히 투자할 만하다.

호퍼
대부분 에스프레소용 그라인더에 달린 호퍼에는 한 번에 1킬로그램 정도의 원두를 담을 수 있다. 하지만 신선한 커피를 위해서라면 이틀 안에 소비할 분량만 채우는 것이 좋다.

미세조정 레버
각자가 원하는 완벽한 입자 크기를 찾도록 도와준다.

버
에스프레소용 그라인더에는 플랫 버나 코니컬 버가 좋다(38페이지 참조).

도저(doser)
몇몇 모델에는 디지털 타이머 기능이 있어서 샷마다 필요한 양만큼만 자동분쇄하게 되어 있다. 그러면 쓸 데 없이 버리는 양이 적어진다.

에스프레소용 그라인더

에스프레소용 그라인더는 반드시 에스프레소를 만들 때만 사용해야 한다. 다시 에스프레소에 맞게 그라인더를 적응시키려면 적지 않은 시간과 시험용 원두가 들기 때문이다. 에스프레소용 그라인더로 에스프레소와 드립커피 사이를 왔다 갔다 하는 건 말 그대로 시간 낭비, 원두 낭비인 셈이다.

작동/멈춤 버튼
도저가 없는 그라인더를 사용할 때는 이 버튼으로 멈추면 된다.

이런 커피는 이렇게 간다

추출 방법	분쇄 정도

이브리크

이브리크로 터키식 커피를 만들 때는 원두를 밀가루와 흡사한 질감으로 갈아야 추출 과정에서 향미가 최대한 우러난다. 이런 수준으로 곱게 갈리는 그라인더는 없기 때문에 특별한 수동 그라인더가 필요하다.

아주 곱게 — 　　　　확대 사진

에스프레소 머신

에스프레소 추출은 다양한 추출 방법 중에서도 가장 예민한 방법이다. 입자 크기를 매우 섬세하게 조절해야만 균형 잡힌 샷을 추출할 수 있다.

곱게 — 　　　　확대 사진

필터

중간 굵기의 커피가루는 쓰임새가 많다. 페이퍼 드리퍼나 융 드리퍼, 스토브톱 포트, 커피메이커, 콜드 드리퍼 등에서 다양하게 활용할 수 있다. 적당한 범위 내에서 좋을 대로 커피의 양을 늘리거나 줄여도 된다.

중간 굵기로 — 　　　　확대 사진

프렌치프레스

프렌치프레스는 여과하는 시스템이 아니어서 거칠게 간 원두의 세포 구석구석을 물이 통과할 여유가 없다. 덕분에 향기로운 가용성 성분만 용출되어 쓰지 않고 깔끔한 맛의 커피가 나온다.

굵게 — 　　　　확대 사진

커피에 관한 오해와 진실 (Q&A)

세상에는 커피에 관한 이런저런 소문이 난무하지만 정작 가려운 곳을 시원스레 긁어주는 확실한 정보는 찾기 어렵다. 이는 사람마다 체감하는 카페인의 효과가 제각각이기 때문이기도 하다. 그런 의미에서 사람들이 가장 궁금해하는 점들만 모아 일문일답 형식으로 정리했다.

커피를 마시는 게 건강에 좋을까요?

커피에는 카페인이나 기타 유기물질과 같은 여러 가지 항산화 성분이 들어 있습니다. 이런 성분이 다양한 질환에 긍정적인 효과를 낸다는 사실이 검증된 바 있습니다.

커피는 얼마나 중독적인가요?

커피는 의존성이 있는 약물이 아닙니다. 금단 증상이 있더라도 섭취량을 매일 조금씩 줄이면 금세 나아집니다.

커피가 탈수 증세를 일으키나요?

커피는 이뇨 작용을 하지만 커피 한 잔은 98퍼센트가 물이기 때문에 탈수를 일으키지 않습니다. 몸에서 빠져나가는 수분은 그대로 커피물로 채워집니다.

98%
물

커피가 집중력을 높이나요?

커피를 마시면 집중력과 기억력을 관장하는 뇌의 활동이 일시적으로 활발해집니다.

카페인을 마셨는데 왜 이렇게 몽롱하죠?

매일 같은 시간에 커피를 마시다보니 카페인의 효과에 무뎌진 것입니다. 이럴 때는 이따금 커피를 마시는 습관을 바꾸어주는 게 좋습니다.

카페인이 운동 능력에 어떤 영향을 줄까요?

카페인을 적당량 섭취하면 유산소운동을 할 때 지구력이 향상되고 무산소운동을 할 때 효율이 높아집니다. 카페인이 기도를 넓혀 숨이 더 잘 쉬어지게 하고 에너지원인 당을 혈액에 실어 근육으로 보내기 때문입니다.

카페인은 어떻게 우리를 깨어 있게 하나요?

졸음이 오는 것은 아데노신이라는 화학물질이 수용체에 결합하기 때문인데, 카페인이 이것을 막습니다. 더불어 아드레날린의 생성이 함께 촉진되어 의식이 또렷해지는 것입니다.

다크 로스팅한 원두에 카페인 함량이 더 높은가요?

실제로는 아주 강하게 볶은 원두의 카페인 함량이 더 적습니다. 각성 효과가 더 빨리 나타날 수가 없죠.

왜 어느 커피는 쓴맛이 날까요?

커피에 쓴맛을 내는 천연성분이 들어 있긴 하지만, 쓴맛을 끌어올리는 원동력은 로스팅 정도입니다. 오일 함량이 높은 다크 로스팅 원두로 내린 커피일수록 맛이 써집니다. 잘못된 추출 방법이나 더러운 도구를 사용했을 때도 뒷맛이 써질 수 있습니다.

커피와 차 중 어느 쪽에 카페인이 더 많나요?

원료를 따지면 카페인 함량이 더 높은 것은 원두가 아닌 찻잎이지만, 음료 한 잔에는 보통 차보다 커피에 카페인이 더 많이 들어 있습니다.

커피도 상하나요?

습한 곳에서는 곰팡이가 피기도 하지만, 이론적으로는 보관만 잘 하면 몇 년은 거뜬히 둘 수 있죠. 다만, 오래되면 향미가 나빠져 커피가 맛없어집니다.

커피를 가장 많이 마시는 나라는 어디인가요?

단순 총량 기준으로는 미국이 세계 최대의 커피 수입국입니다. 하지만 1인당 소비량이 가장 많은 곳은 북유럽 국가들이고, 그중에서도 으뜸은 한 사람당 매년 평균 12킬로그램의 커피를 마시는 핀란드입니다.

갈아놓은 원두를 냉장고에 보관하는 게 좋을까요?

커피를 냉장보관할 필요는 없습니다. 냉장고에 두면 오히려 원두가 눅눅해지고 다른 음식 냄새가 밸 수 있거든요. 밀폐용기에 담아 직사광선과 고온을 피해 건조한 장소에 보관하는 것이 낫습니다.

물 준비하기

커피의 98~99퍼센트는 물로 이루어져 있다. 당연히 수질
이 커피의 풍미에 지대한 영향을 미친다.

카본 필터
활성탄이 불순물
을 흡수한다.

필터
필터를 정기적으로 교체한다. 물 100리터를 걸렀
을 때, 혹은 센물을 사용한 경우에는 더 자주 갈아
주는 것이 좋다.

물에는 어떤 물질이 들어 있을까?

커피를 추출할 물은 무향무취에 투명해야 한다. 물에는 각종 무기질과
염분, 금속 성분이 들어 있다. 이 성분들은 커피 추출에 영향을 미치지
만 대부분의 경우 사람 눈에 보이지 않을 만큼 작으면서 아무 냄새도
없다. 어떤 지역은 물이 깨끗하고 연하지만, 또 어떤 곳은 경도(硬度)가
높아 물에서 염소나 암모니아 냄새가 난다. 이런 경수는 이미 각종 무
기질로 포화 상태이기 때문에 커피가 과소추출되어 향미가 가벼워지
고 약해지기 쉽다. 그럴 때는 원두를 많이 사용하거나 더 잘게 갈아 결
점을 보완해야 한다. 반대로 경도가 너무 낮은 물이나 완전연수로 커
피를 내리면 과다추출이 일어나는 탓에 나쁜 성분까지 용출되어 커피
맛이 써지거나 시어진다.

수질 체크

집에서도 간단하게 수질을 체크할 수 있다. 커핑(24~25페이지 참조)을
할 때처럼 커피 두 사발을 내린다. 원두, 입자 크기, 추출 방법은 그대
로 두고 한 번은 수돗물을, 다른 한 번은 생수를 사용한다. 커피 사발을
나란히 놓고 맛을 본다. 그러면 예전에는 미처 몰랐던 미묘한 맛의 차
이가 혀끝에서 느껴질 것이다.

물 여과하기

집의 수돗물이 너무 강한 센물이고 그렇다고 생수를 쓰고 싶지도 않을
때는 가정용 간이 여과기를 사용하자. 수도꼭지에 다는 형태도 있고,
위 그림에서 보듯 내장된 카본 필터를 교체하는 주전자 형태도 있다.
무기질 구성이 알맞은 물과 그렇지 않은 물의 차이를 체험한 사람들은
생각보다 큰 격차에 깜짝 놀라기도 한다. 수돗물을 생수나 여과한 물
로 바꾸는 것은 집에서도 훌륭한 커피를 쉽게 만드는 비결 중 하나다.

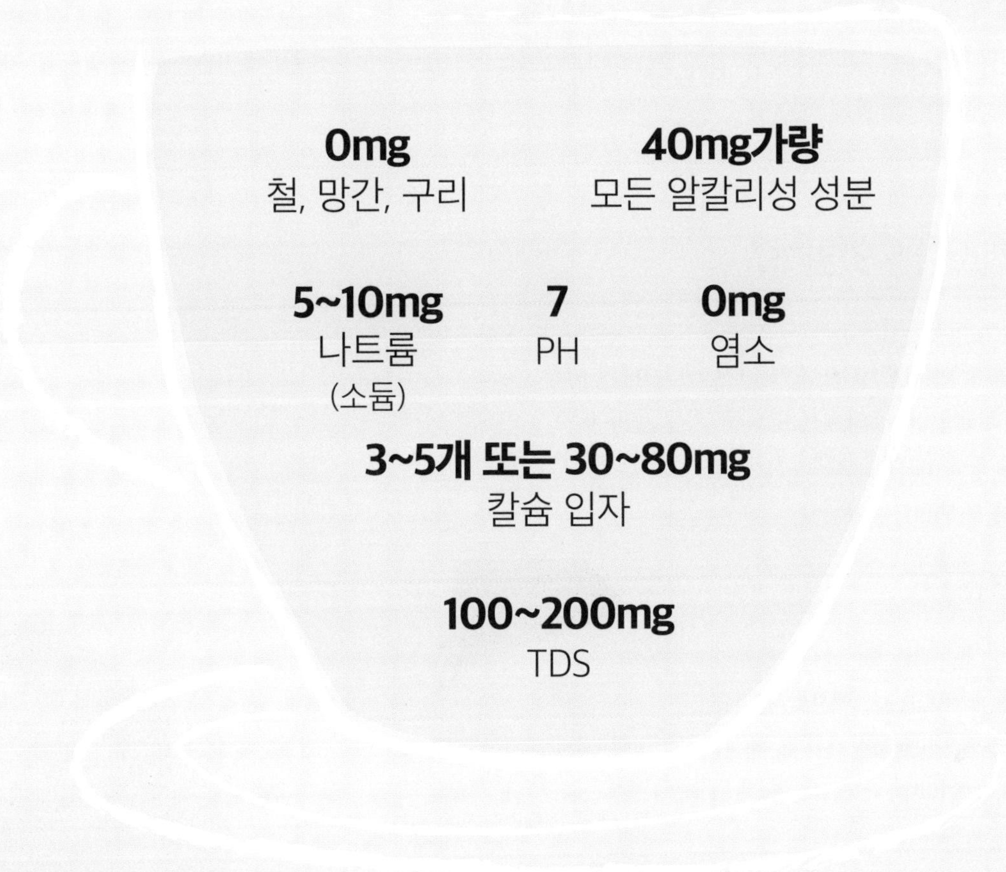

0mg
철, 망간, 구리

40mg가량
모든 알칼리성 성분

5~10mg
나트륨
(소듐)

7
PH

0mg
염소

3~5개 또는 30~80mg
칼슘 입자

100~200mg
TDS

TDS? pH?

커피를 추출하기에 앞서 수질을 한마디로 표현하는 데 가장 흔히 사용되는 용어는 바로 총 용존고형물(Total Dissolved Solids), 일명 TDS다. TDS는 물에 들어 있는 유기물과 무기물을 합한 양을 일컫는데, 리터당 밀리그램(mg/L) 또는 백만분율(ppm) 단위로 측정한다. 간혹 '입자 경도(Grains of hardness)'라는 용어도 사용되는데, 이것은 칼슘 이온 입자의 양만 계산한 것이다. 한편, 커피물의 pH는 중성이어야 한다. 산성이나 염기성이 강하면 커피가 심심해지거나 불쾌한 맛이 난다.

물의 완벽한 조성
수질검사 키트를 구매해서 물을 분석해보자. 커피물로 적합하려면 물 1리터를 기준으로 위와 같은 수치가 나와야 한다.

에스프레소 추출하기

에스프레소는 펌프 압력으로 커피를 추출하는 유일한 방법이다. 에스프레소 머신으로 커피를 추출할 때 커피에 손이 데이는 일을 막으려면 물 온도를 끓는점 밑으로 유지하는 것이 좋다.

에스프레소란 무엇일까?

에스프레소를 추출하는 방법은 고전적인 이탈리아식부터 시작해서 미국식, 스칸디나비아식, 호주식까지 다양하다. 하지만 각자 선호하는 방식이 무엇이든, 에스프레소는 음료의 이름인 동시에 근본적으로 커피를 추출하는 방법을 지칭하는 용어다. 또, 어디서는 원두 로스팅 정도를 구분할 때 에스프레소라고 말하기도 한다. 그런데 사실은 로스팅 정도나 원두의 종류 혹은 단품 커피인지 아니면 블렌딩 커피인지 여부와 무관하게 어느 원두로도 에스프레소를 만들 수 있다.

머신 준비하기

에스프레소 머신 사용설명서도 도움이 되지만, 집에서 부드러운 에스프레소를 제대로 만들기 위해 기본적으로 지켜야 할 규칙을 몇 가지 소개한다.

1 잘 청소해둔 에스프레소 머신 물통에 물을 채운다. 로스팅한 지 1~2주가 지나 가스가 적당히 빠진 원두를 그라인더에 넣는다. 에스프레소 머신과 포터필터를 충분히 예열해둔다.

2 머신에 남은 가루에 물이 닿아 커피가 재추출되지 않도록 포터필터 바스켓을 마른 행주로 잘 닦는다.

준비물

장비
에스프레소 머신
에스프레소용 그라인더
마른 행주
탬퍼
탬핑매트
전용 세제
세척 도구

재료
로스팅한 원두(가스를 뺀 것)

어떻게 로스팅한 어떤 원두를
어떻게 사용하든, 근본적으로
에스프레소란 하나의 커피 추출 방법을 말한다.

TIP

에스프레소를 제대로 만들려면 연습
이 필요하다. 하지만 그때그때 꼼꼼히
메모하고, 전자저울과 눈금이 그려진
샷글라스를 이용하면 좀 더 쉽게 나만
의 황금 비율을 찾을 수 있다. 나 자신
의 미각을 믿고 계속 도전하자. 원하는
그 맛이 나올 때까지.

3 그룹헤드에 물을 조금 흘려내어 수온을 안
정화시키고 샤워스크린에 남아 있던 커피
찌꺼기를 말끔히 제거한다.

4 커피를 포터필터에 담는다. 바스켓의 크기와 만들 커피
메뉴에 따라 16그램에서 20그램 정도가 적당하다.

샷 내리기

몇 번이고 반복해서 좋은 에스프레소를 꾸준히 만들어낸다는 것은 결코 만만한 일이 아니다. 게다가 집에서 에스프레소를 내릴 때는 다른 어느 추출 방법보다도 손이 많이 간다. 그렇기에 더 좋은 커피를 마시겠다고 머신에 거금을 투자하는 사람이 있다면, 그에게 커피는 취미이자 생활 습관인 것이다. 에스프레소용 커피는 아주 곱게 갈아야 한다.

추출할 때 물이 닿는 표면적을 넓히기 위해서다. 이렇게 에스프레소를 내리면 소량의 찐득한 액체가 만들어진다. 에스프레소 표면은 이른바 크레마라는 거품으로 덮여 있다. 이 크레마에 커피의 모든 매력이 응축되어 있다. 그런데 원두나 로스팅, 준비 과정이 잘못되었을 때 그것을 놓치지 않고 적나라하게 드러내는 것도 바로 이 크레마다.

1 포터필터를 살짝 흔들거나 바닥에 톡톡 쳐서 바스켓 표면을 고르게 만든다. 전용 도구를 사용해도 좋다(사진 참조).

2 바스켓 크기에 맞는 탬퍼를 사용한다. 탬퍼가 어느 한쪽으로 기울지 않도록 주의하면서 세게 한 번 꾹 누른다. 두께가 일정하고 단단한 퍽이 만들어지면 된다. 손에 힘을 지나치게 주거나 포터필터를 다시 톡톡 칠 필요도, 탬핑을 여러 번 할 필요도 없다.

3 탬핑을 하는 목적은 커피 퍽이 수압을 견뎌내고 물이 입자 사이사이를 흐르면서 커피가 고루 추출될 수 있는 상태를 만드는 것이다.

TIP

커피가루 표면을 고를 때는 내리누르지 말고 전용 도구나 손가락을 이용해서 소복하게 솟은 부분을 열십자 방향으로 밀어 틈새를 메우면서 평평하게 만든다.

누군가에게 에스프레소를 추출한다는 것은
취미이자 생활이다. 번거롭긴 하지만
알아가는 재미가 쏠쏠하다.

TIP

딱 맞는 커피가루 입자 크기와 커피 맛을 찾을 때까지 처음 며칠 동안은 매일 몇 잔씩 실패를 거듭해야 한다. 사람들이 완벽한 에스프레소를 만들기까지 흔히 하는 실수들은 다음 페이지를 참조한다.

4 포터필터를 그룹헤드에 장착하고 바로 펌프를 작동시킨다. 정량 추출되면 자동으로 멈추는 더블샷 추출 버튼을 누르거나, 연속추출 버튼을 누른 뒤에 원하는 양만큼 추출되면 스위치를 끈다.

5 미리 데워둔 에스프레소잔을 포터필터의 스파우트 밑에 놓는다. 에스프레소잔 두 개를 양쪽에 놓고 싱글샷 두 잔을 만들어도 된다.

6 추출 버튼을 누른 지 5~8초 후에 커피가 나오기 시작해야 한다. 제대로라면 진한 갈색 액체가 똑똑 떨어지다가 졸졸 흘러내리고 곧이어 가용성 성분이 녹아 나오면서 물줄기가 황금빛 광채를 띠기 시작한다. 25~30초 안에 크레마를 포함해서 50밀리리터 정도 추출되는 것이 적당하다.

완벽한 에스프레소란?

제대로 추출된 에스프레소에는 광택이 감도는 진한 황갈색 크레마(48페이지 참조)가 있고 크레마가 큰 기포나 옅은 색의 점무늬 없이 균질해야 한다. 크레마층은 두께가 몇 밀리미터 정도 되어야 하고 너무 빨리 꺼지면 안 된다. 크레마만 떠서 입에 넣었을 때 부드러운 질감이 느껴지면서 단맛과 신맛이 균형 잡힌 맛이 나야 하고 기분 좋은 뒷맛이 감돌아야 한다. 마지막으로 원두를 어떻게 볶고 어떤 도구로 추출했든 추출액에 원두 본연의 맛이 살아 있어야만 완벽한 에스프레소라고 말할 수 있다. 과테말라 원두였다면 초콜릿의 향미가, 브라질 원두였다면 견과의 향미가, 케냐 원두였다면 블랙커런트의 향미가 나야 한다.

무엇이 문제일까?

일정 시간(49페이지 참조)에 50밀리리터보다 많이 추출되었다면:
- 가루가 너무 굵거나,
- 담은 가루 양이 너무 적다.

일정 시간에 50밀리리터보다 적게 추출되었다면:
- 가루가 너무 곱거나,
- 담은 가루 양이 너무 많다.

커피가 너무 시다면:
- 물 온도가 너무 낮거나,
- 원두가 덜 볶였거나,
- 가루가 너무 굵거나,
- 담은 가루 양이 너무 적다.

커피가 너무 쓰다면:
- 물 온도가 너무 높거나,
- 머신이 더럽거나,
- 원두가 과하게 볶였거나,
- 그라인더 버가 너무 무디거나,
- 가루가 너무 곱거나,
- 담은 가루 양이 너무 많다.

잘 추출된 에스프레소

잘못 추출된 에스프레소

머신 청소하기

커피에는 오일, 고형 입자, 가용성 성분들이 들어 있다. 머신을 깨끗하게 관리하지 않으면 이 성분들이 곳곳에 쌓이는 탓에 커피에서 쓰고 떫은맛이 난다. 그러므로 샷을 내리는 사이사이에 물로 한 번씩 헹구어주고 전용 세제를 사용해서 되도록 자주 머신을 청소해야 한다.

TIP

작은 솔을 사용해서 그룹헤드의 고무 가스켓까지 닦는다. 가스켓이 벗겨지지 않도록 머신을 사용하지 않을 때도 포터필터를 그룹헤드에 끼워두는 것이 좋다.

1 커피잔을 옆으로 치우고 포터필터를 그룹헤드에서 빼낸다.

2 퍽을 빼낸 뒤에 마른 행주로 바스켓을 깨끗하게 닦아낸다.

3 샤워스크린에 남아 있을지도 모르는 찌꺼기를 제거하기 위해 그룹헤드에 물을 약간 흘려보내면서 이 물줄기에 포터필터를 비스듬히 갖다 대어 스파우트 부분을 헹군다. 포터필터를 다시 그룹헤드에 장착해 다음 샷을 추출할 때까지 예열된 상태를 유지한다.

우유로 맛내기

좋은 커피 한 잔은 우유나 설탕 등 다른 장식이 없어도 그 자체로 훌륭하다. 그럼에도 커피와 우유가 환상의 짝궁이라는 점은 누구도 부인할 수 없는 사실이다. 스티밍한 우유를 더하면 커피가 가진 천연의 달콤함을 업그레이드할 수 있다.

우유의종류

일반 우유, 저지방 우유, 무지방 우유 등 어느 우유로도 거품을 만들 수 있지만, 종류에 따라 맛과 질감이 조금씩 다르다. 저지방 우유는 거품이 많이 생기지만 질감이 약간 푸석푸석하다. 일반 우유로 만든 거품은 풍성하지는 않지만 부드럽고 감미롭다. 우유 대신 두유, 아몬드밀크, 헤이즐넛밀크, 락토오스를 제거한 우유로도 거품을 만들 수 있다. 라이스밀크는 거품이 별로 안 생기지만 견과류 알레르기가 있는 사람에게 우유 대용품으로 적합하다. 이런 우유 대용품들은 우유보다 금방 데워지고 거품이 더 빨리 꺼지거나 덜 부드럽다.

스티밍(Steaming)

스티밍 연습을 할 때는 우유를 필요량보다 많이 준비한다. 그래야 우유가 천천히 데워지는 동안 여유 있게 연습할 수 있다. 너무 뜨거운 우유는 사용할 수 없기 때문이다. 1리터짜리 피처에 우유를 반쯤 채워 시작하는 게 가장 좋다. 단, 스팀봉이 피처 밑바닥에 닿아야 한다. 피처가 너무 깊다면 750밀리리터나 500밀리리터짜리 피처를 사용한다. 피처 용량이 너무 작으면 우유가 너무 빨리 데워지므로 손동작을 익힐 틈이 없고 공기를 넣을 타이밍을 놓치기 쉽다.

1 위로 갈수록 약간 좁아지는 스팀피처를 사용한다. 밑에서 우유가 뱅뱅 돌다가 거품이 생기면서 부풀어도 넘치지 않을 만큼 충분한 공간이 있어야 한다. 먼저 차갑게 보관해둔 신선한 우유를 사진과 같이 절반 정도만 붓는다.

2 깨끗한 스팀이 나올 때까지 스팀밸브를 잠깐 열어 스팀봉에 남아 있는 물이나 우유 찌꺼기를 빼낸다. 전용 행주로 노즐을 감싸면 뜨거운 물이 사방팔방으로 튀지 않게 할 수 있다. 손가락을 데이지 않도록 조심한다.

우유가 미세한 공기방울과
스팀과 만나면,
점잖게 꾸르륵거리는 소리를 낸다.

TIP

아까운 우유를 연습하는 데 허비하기 싫
다면, 주방세제를 한 방울 떨어뜨린 물을
사용해도 된다. 세제를 푼 물은 우유와 비
슷한 효과를 내기 때문에 언제 공기를 넣
어야 하는지, 우유가 어떻게 회전하는지
대강 비슷하게 감을 잡을 수 있다.

3 피처를 똑바로 세워
든다. 봉끝이 중심에
서 약간 벗어나도록 스팀봉
을 약간 기울여 우유에 담근
다. 스팀봉이 피처벽에 닿지
않게 한다. 노즐이 우유 표면
에 살짝 잠기는 높이 정도가
좋다.

4 오른손잡이라면 오른손으로 피
처 손잡이를 잡고 왼손으로 스
팀 작동 버튼을 누른다. 증기압이 너무
높다고 해도 놀라지 말기 바란다. 압
력이 낮으면 기포가 제대로 나오지 않
으면서 삑삑대는 소리만 요란하게 나
기 때문이다. 스위치를 켜고 나면 왼손
으로 피처 바닥을 받친다. 그러면 우유
온도를 가늠할 수 있다.

5 분출되는 스팀에 밀리면서 우유는 원을 그리며
돌기 시작한다. 꿀럭꿀럭 소리가 나면 거품이
계속 만들어지고 있다는 뜻이다. 거품이 어느 정도 두
꺼워지면 방음막 역할을 해서 소리가 작아진다. 이렇
게 소리가 둔해지면 기포가 작아지면서 거품이 한층
농밀해진다.

계속 ➞

스티밍 (앞에서 계속)

6 우유의 온도가 올라가면서 부피가 늘어나 노즐을 타고 올라간다. 거품을 많이 내려면 이즈음에 피처를 아래로 내려 노즐이 표면에 오게 한다. 반대로 거품을 조금만 내려면 노즐이 우유에 푹 잠긴 채로 둔다. 우유가 알아서 회전하는 동안 큰 기포가 작은 기포들로 쪼개지면서 한층 감미롭고 진한 거품이 된다.

7 공기는 우유가 아직 차가울 때만 넣어야 한다. 바닥을 받친 왼손에서 피처 온도가 체온과 비슷하게 느껴지면, 더 이상 공기를 넣지 말아야 한다. 37℃보다 높을 때 들어간 공기는 부드러운 거품과 잘 섞이지 않는다. 또 그렇다고 스팀 작동 버튼을 켜자마자 공기를 넣으면 거품을 만드는 데 시간이 오래 걸린다.

8 손을 대고 있을 수 없을 정도로 피처 바닥이 뜨거워질 때까지 노즐을 담근 채로 둔다. 뜨거워서 왼손을 바닥에서 떼고 나서 3초를 센 뒤에 스팀 버튼을 끈다. 그러면 우유가 60~65℃ 정도로 데워진 것이다. 피처 안에서 우릉우릉 소리가 나면 우유가 끓고 있다는 뜻이다. 이런 우유는 달걀 비린내가 나거나 죽 같이 텁텁한 맛이 나므로 커피에 적합하지 않다.

우유 보관법

신선한 우유를 사용한다면, 큰 실수가 없는 한 누구나 우유거품을 괜찮게 만들 수 있다. 이렇게 신선도를 강조하는 것은 아직 유통기한이 남았더라도 시간이 지나면 우유거품을 안정화시키는 단백질 성분이 변해서 제 기능을 못하기 때문이다. 그러므로 반드시 제조일자가 가장 늦은 제품을 구입해야 한다. 햇볕에 닿아도 우유가 상하므로 불투명한 용기에 포장된 것이 좋다. 사용하지 않을 때는 냉장고에 보관한다.

9 스팀피처를 옆에 내려놓는다. 젖은 행주로 스팀봉을 잘 닦고 행주로 감싼 상태에서 몇 초 동안 스팀을 작동시켜 안에 남아 있는 찌꺼기를 빼낸다. 우유 표면에 큰 기포가 있었다면 이렇게 옆에서 잠시 쉬는 동안 알아서 사그라진다. 피처를 테이블 바닥에 살살 두드려서 기포를 깨도 된다.

10 기포가 다 사라지면 피처를 여러 바퀴 휘돌려 우유와 거품을 잘 섞는다. 그러면 윤기가 흐르는 고운 거품의 물결을 볼 수 있다. 거품이 가운데에 동그랗게 뭉쳤을 때는 피처를 살살 좌우로 흔들어 이 거품이 우유와 섞이게 한 뒤에 다시 원을 그리며 돌린다.

11 우유를 커피잔에 부을 때까지 이런 식으로 가끔씩 스팀피처를 휘돌려주면, 숟가락을 쓰지 않고도 우유와 거품이 섞인 상태를 유지할 수 있다. 자, 이제 스티밍이 어느 정도 손에 익었다면 라떼아트에 도전해보는 게 어떨까.

식물성 우유

동물성 우유를 기피하는 소비자를 위한 식물성 대용품이 점점 다양해지고 있다. 그 중에는 블렌더와 체 혹은 면보만 있으면 직접 만들기 쉬운 것도 많다. 제일 흔하기도 하고 영양학적으로 우유와 가장 흡사한 것은 아마도 콩으로 된 두유일 것이다. 아몬드밀크와 오트밀크는 최근 들어 인기가 높아졌고 그 밖에도 다양한 대체제품이 냉장실 지정석을 두고 우유와 경쟁 중이다.

성분과 알레르기 유발 물질

아침에 마실 카푸치노를 위해 어떤 식물성 우유가 가장 좋을까 고민할 때 고려할 점은 맛과 질감 말고도 더 있다. 항상 제품포장에 인쇄된 영양성분 표를 꼼꼼히 읽는 게 좋다. 칼슘 같은 비타민과 무기질이 보강된 제품이 있는가 하면 당이 첨가된 제품도 있다. 그러니 당이 신경쓰이는 사람은 무가당 버전으로 골라 구매하자. 유화제나 안정화제와 더불어 지방과 나트륨 함량도 체크하자. 불필요한 식품첨가물을 나도 모르게 마시는 일이 없도록 말이다.

우유 대용품은 보통 곡물, 견과류, 씨앗류, 콩류를 주재료로 해 만들어진다. 그런데 이름과 분류가 따로따로인 경우가 있으니 알레르기 유발 물질은 없는지 제품포장의 영양성분 표를 반드시 확인하는 게 좋다. 제일 흔한 건 견과류 알레르기지만, 드물게 일부 씨앗과 콩류가 알레르기를 일으키기도 한다. 또, 몇몇 식물성 우유는 실제 주성분이 광고 내용과 다를 수 있다. 뿐만 아니라 우리의 상식과 진짜 식물학 분류가 반드시 일치하는 건 아니어서 이름과 따로 노는 경우도 적지 않다. 예를 들어, 땅콩은 사실 콩과식물이고 아몬드는 핵과류 열매의 씨앗이며 브라질넛은 피막 안에 든 씨앗이다.

어떤 성분은 이론상으로는 안전하지만 공장에서 가공되는 과정에서 교차오염이 일어날 우려가 있다. 글루텐 프리 원료인 귀리(오트)는 밀도 함께 취급하는 공장에서 가공되는 게 보통인데, 미량의 글루텐이 섞여들어간 오트밀크는 자칫 배탈을 일으킬 수 있다.

두유, 아몬드밀크, 오트밀크처럼 라떼나 카푸치노에 올릴 거품을 만들기에 좋은 식물성 우유가 있는 반면, 맛은 여전히 좋지만 거품이 잘 생기지 않는 식물성 우유도 있다. 또, 몇몇은 열에 더 민감한데, 스티밍 도중 층분리가 문제가 된다면 우유보다 낮은 온도로 데우는 방법을 추천한다.

직접 만들기

나만의 식물성 우유를 만들 재료를 아래 보기에서 고른다:

- 대두
- 귀리
- 아몬드
- 백미/현미
- 코코넛
- 완두
- 헴프씨드
- 마카다미아
- 땅콩
- 밤
- 캐슈넛
- 타이거넛

- 헤이즐넛
- 아마씨
- 호두
- 퀴노아
- 피스타치오
- 브라질넛
- 호박씨
- 참깨
- 해바라기씨
- 피칸
- 스펠트밀

식물성 우유를 직접 만들면 뭘 넣을지, 감미료나 향을 더할지 말지 맘대로 결정할 수 있다. 아가베 시럽, 코코넛슈거, 꿀, 메이플 시럽, 서양대추 등은 훌륭한 천연감미료가 되고 딱 한 꼬집 더한 소금은 쓴맛을 중화한다. 생강, 강황, 시나몬, 바닐라, 코코아파우더 같은 향신료를 활용하면 또 다른 차원의 커피를 경험할 수 있다.

대부분의 식물성 우유는 물을 넣고 간 다음에 건더기를 버리고 액체만 남기는 방식으로 만들어진다. 씨앗, 알곡, 견과류 대부분은 미리 물에 불려 연하게 만드는 준비작업이 필요하다. 그러면 잘 소화되지 않는 효소나 산 성분이 빠져나오는 효과를 덤으로 얻을 수 있다. 씁쓸한 맛이 싫으면 이때 물에 불어 흐물흐물해진 껍질을 건져내도 된다. 나머지 건더기들은 버릴 필요가 없다. 잘 말려서 얼려두었다가 다른 요리에 활용할 수 있다.

캐슈밀크

볶지 않은 무염 캐슈넛 140그램
캐슈넛을 불릴 물 750밀리리터
갈 때 넣을 물 1리터

1 캐슈넛을 물에 3시간 동안 담가둔다.
2 물만 따라 버린다.
3 블렌더에 캐슈넛을 넣고 깨끗한 물 1리터를 부은 다음, 알갱이가 거의 보이지 않을 때까지 곱게 갈아준다.
4 면포나 고운 체를 받쳐 내용물을 붓고 물기를 최대한 짜낸다.
5 병에 담아 최대 4일까지 냉장보관 가능.

코코넛밀크

물 1리터
얇게 저민 무가당 코코넛 175그램

1 물을 약 95℃까지 가열한다. 블렌더에 코코넛을 넣고 데운 물을 부은 다음, 곱게 간다.
2 면포나 고운 체를 받쳐 내용물을 거르고 물기를 최대한 짜낸다.
3 병에 담아 최대 4일까지 냉장보관 가능.

견과류밀크

볶지 않은 무염 견과류 140그램. 아몬드, 헤이즐넛, 마카다미아, 피칸, 호두, 브라질넛 등 취향대로 사용한다.
견과류를 불릴 물 750밀리리터
갈 때 넣을 물 1리터

1 견과류를 물에 12시간 동안 담가두었다가 물만 따라 버린다.
2 흐물흐물해진 껍질이 보기 싫다면 건져낸다. 블렌더에 견과류와 깨끗한 물 1리터를 넣고 곱게 갈아준다.
3 면포나 고운 체를 받쳐 내용물을 거르고 물기를 최대한 짜낸다.
4 병에 담아 최대 4일까지 냉장보관 가능.

라이스밀크

물 1리터
쪄 놓은 백미 혹은 현미 200그램

1 블렌더에 물과 쌀을 넣고 곱게 간다.
2 면포나 고운 체를 받쳐 내용물을 거르고 물기를 최대한 짜낸다.
3 병에 담아 최대 4일까지 냉장보관 가능.

선플라워씨드밀크

볶지 않은 무염 해바라기씨 140그램
해바라기씨를 불릴 물 750밀리리터
시나몬가루 4분의 1티스푼(선택사항)
갈 때 넣을 물 1리터

1 해바라기씨를 물에 12시간 동안 담가 불린 뒤에 물만 따라 버린다.
2 블렌더에 해바라기씨와 취향껏 시나몬가루를 넣고 깨끗한 물 1리터를 부은 다음, 곱게 갈아준다.
3 면포나 고운 체를 받쳐 내용물을 거르고 물기를 최대한 짜낸다.
4 병에 담아 최대 4일까지 냉장보관 가능.

퀴노아밀크

쪄 놓은 퀴노아 200그램
물 750밀리리터
코코넛슈거 1티스푼(선택사항)

1 블렌더에 퀴노아와 물을 넣고 곱게 간다.
2 면포나 고운 체를 받쳐 내용물을 거르고 물기를 최대한 짜낸다. 원한다면 코코넛슈거를 추가해 블렌더를 한 번 더 돌린다.
3 병에 담아 최대 4일까지 냉장보관 가능.

침전물

고운 체도 통과하는 일부 침전물은 잠시 방치하면 바닥에 가라앉는다.

헴프밀크

물 1리터
껍질 벗긴 헴프씨드 85그램
서양대추 3개(선택사항)
소금 약간(선택사항)

1 블렌더에 물과 헴프씨드를 넣고 곱게 간다. 단맛을 위해 서양대추를 추가하거나 소금 간을 할 경우, 처음에 한꺼번에 넣는다.
2 면포나 고운 체를 받쳐 내용물을 거르고 물기를 최대한 짜낸다.
3 병에 담아 최대 4일까지 냉장보관 가능.

두유

흰색 대두 100그램
콩을 불릴 물 750밀리리터
갈 때 넣을 물 1리터
바닐라 꼬투리 2센티미터(선택사항)

1 콩을 물에 담가 12시간 동안 불린다.
2 물만 따라 버리고 콩을 한 번 헹군 다음, 껍질을 제거한다.
3 블렌더에 콩과 깨끗한 물 1리터를 넣고 곱게 간다.
4 면포나 고운 체를 받쳐 내용물을 거르고 물기를 최대한 짜낸다.
5 바닐라향을 가미하고 싶을 땐, 콩물에 바닐라 꼬투리를 넣고 한소끔 끓어오를 때부터 20분 동안 계속 저어주면서 끓인다.
6 두유를 충분히 식힌 뒤 병에 담아 냉장고에 넣는다. 최대 4일까지 냉장보관 가능.

라떼아트

잘 만든 우유거품은 부드럽고 농밀하다. 그런데 보는 사람의 눈까지 즐겁게 한다면 완벽한 우유거품이라고 말할 수 있다. 라떼아트를 제대로 하려면 연습이 필요하지만 일단 어느 정도 수준에 이르면 커피에 멋진 옷을 입힐 수 있다. 기본적으로 하트만 그릴 줄 알면 다양한 응용이 가능하다. 그러니 하트를 시작으로 라떼아트의 매력에 푹 빠져보자.

하트

하트는 거품이 두꺼울 때 예쁘게 그려진다. 그러니 카푸치노로 하트를 시도해보자.

1 커피잔에서 5센티미터 높이에서 크레마 중심으로 우유거품을 붓는다. 이 과정에서 크레마층이 위로 올라오면서 그림을 그릴 "캔버스"가 넓어진다.

2 커피잔이 절반쯤 차면 피처와 잔의 각도를 유지한 상태에서 피처 높이만 재빨리 낮춘다. 우유거품이 원으로 퍼지는 것을 볼 수 있다.

3 크레마층이 거의 끝까지 올라오면 피처를 뒤로 약간 젖히고 원 한가운데를 가로지르는 직선을 그린다. 그러면 하트가 완성된다.

프로만 아는 테크닉

스팀피처를 너무 높이 들고 우유거품을 부으면 크레마가 위로 들려서 하얀 우유가 표면에 잘 떠오르지 않는다. 반대로 피처가 커피잔에 너무 가까우면 우유거품이 크레마를 죄다 가라앉혀버린다. 또한, 우유를 너무 천천히 부으면 액체가 정체되어 무늬를 만들 수 없다. 그렇다고

또 속도가 너무 빠르면 크레마와 우유가 제멋대로 섞이게 된다. 500밀리리터 피처와 큰 컵을 준비하고 우유를 붓는 연습을 열심히 하자. 딱 맞는 높이와 속도를 찾을 때까지.

로제타

로제타는 카페라떼나 플랫화이트처럼 거품층이 약간 얇은 커피에 가장 잘 어울린다.

1 첫 단계는 하트를 만들 때와 똑같다. 커피잔이 반쯤 차면 피처 높이를 낮추고 피처를 좌우로 살살 흔든다.

2 우유가 지그재그 모양을 그릴 것이다. 잔이 가득 차면 피처를 조금씩 뒤로 젖혀 지그재그가 점점 작아지게 한다.

3 지그재그를 마무리하고 피처를 다시 살짝 올려 중앙선을 그어 내린다.

우유를 잔에 붓기 직전까지 스팀피처를 계속 돌려 거품과 우유가 분리되지 않도록 한다.

튤립

튤립은 멈추었다 가는 손동작을 더한 하트(58페이지 참조)의 응용 버전이다.

1 시작은 하트와 같다. 커피잔 가운데에 우유를 부어 작은 흰색 원을 만든다.

2 첫 번째 원이 올라오면 붓기를 멈추고 피처를 1센티미터 뒤로 당겨 다시 우유를 붓는다. 하얀 원이 올라오면 피처를 조심스럽게 앞으로 밀어 첫 번째 원을 가장자리로 밀어낸다. 밀린 원은 찌그러져 초승달 모양이 된다.

3 이런 식으로 튤립 꽃잎을 원하는 수만큼 만든다. 마지막 마무리는 가운데 선을 그어내려 튤립 줄기를 만드는 것으로 한다.

심화 과정
기본 모양을 다양하게 응용할 수 있다(상단 왼쪽부터 시계방향으로): 여러 송이 튤립, 체이싱 하트, 백조, 로제타 하트

디카페인 커피

보통 커피와 디카페인 커피가 건강에 좋은가 나쁜가를 두고 갑론을박이 끊이지 않는다. 이런 와중에 고급 커피의 향을 포기하지 않고 카페인 섭취는 줄이고 싶을 때, 두 마리 토끼를 다 잡는 방법이 있다.

카페인은 정말 몸에 해로울까?

퓨린계 알칼로이드(purine alkaloid)의 일종인 카페인은 냄새는 없지만 약간 쓴맛이 나는 물질이다. 순도 100퍼센트 카페인은 독성이 매우 강한 흰색 가루의 형태를 띤다. 커피에 들어 있는 카페인에는 각성 효과가 있어서, 커피를 마시면 카페인이 중추신경계를 즉각적으로 자극한 뒤에 신속하게 몸 밖으로 빠져나간다. 효능은 사람마다 다르다. 카페인은 대사를 촉진시켜 피로감을 줄여주지만 동시에 신경이 예민해지는 부작용이 있다. 성별과 체중, 유전적 성향, 병력 등에 따라 카페인은 누군가에게는 약이 되고 또 누군가에게는 독이 된다. 그러므로 카페인이 내 몸에 맞는지, 건강에는 어떤 영향을 미치는지 미리 알아둘 필요가 있다.

커피콩을 보면 구분할 수 있다?

디카페인 생두는 더 어두운 녹색이나 갈색을 띤다. 생두를 볶고 나면 색깔이 약간 더 진해지지만 그렇게 티가 나지는 않는다. 세포 구조가 상대적으로 약하기 때문에 라이트 로스팅한 디카페인 원두의 표면에는 오일 광택이 감돈다. 원두가 더 물러 보이고 색깔이 더 고르다는 특징도 있다.

일반 커피	디카페인 커피
볶지 않은 생두 과테말라 부르봉	**볶지 않은 생두** 마운틴워터법으로 카페인을 제거한 과테말라 부르봉
볶은 원두 과테말라 부르봉	**볶은 원두** 마운틴워터법으로 카페인을 제거한 과 테말라 부르봉

디카페인 커피에 관한 진실

요즘에는 근처 대형마트나 커피전문점에서 디카페인 커피를 쉽게 구할 수 있다. 대부분은 카페인이 90~99퍼센트 제거된 제품들이다. 이 제품으로 우려낸 커피에는 홍차 한 잔보다 적고 핫초콜릿 한 잔과 비슷한 양의 카페인이 들어 있다.

문제는 이런 제품은 대부분 오래되었거나 품질이 나쁜 생두로 제조한다는 것이다. 게다가 나쁜 냄새를 가리려고 다크 로스팅하는 것이 일반적이다. 신선한 고품질의 생두를 카페인 제거 공정을 거쳐 알맞게 로스팅한 제품은 향미 면에서 카페인을 제거하지 않은 원두에 조금도 뒤지지 않는다. 아마도 직접 마셔보면 둘 사이의 차이를 구분하지 못하고 아무런 편견 없이 즐겁게 음미할 수 있을 것이다.

카페인 제거 공정

카페인을 제거하는 방법은 여러 가지다. 어떤 방법은 화학용매를 사용하고 어떤 방법은 더 자연적인 방식을 따른다. 각 제품의 포장을 잘 살펴보면 원두가 어떤 방식으로 처리되었는지에 관한 정보를 찾을 수 있다.

용매법

생두에 증기를 쐬거나 뜨거운 물에 담가 세포 구조를 느슨하게 만든다. 그런 다음, 생두에 남아 있거나 물에 녹아 나온 카페인을 에틸아세테이트(ethyl acetate)와 염화메틸렌(methylene chloride)으로 헹구어낸다. 이 두 가지 용매는 카페인만 대체로 콕 집어내지만 간혹 커피의 좋은 성분이 함께 씻겨 나가기도 한다. 게다가 생두의 조직이 한 번 뒤틀리기 때문에 보관하거나 로스팅할 때 어려움이 생긴다.

스위스워터법

생두를 물에 담가 세포 구조를 불린다. 생두 여과액이나 다량의 생두 성분을 녹인 물로 카페인을 씻어낸다. 이것을 탄소 필터에 걸러내면 카페인만 제거되는데, 이 여과액은 원하는 농도까지 카페인을 빼내는 데 재활용한다. 이 방법은 화학약품을 사용하지 않으므로 생두에 자극을 덜 주고 좋은 향미를 내는 천연 성분을 거의 그대로 보존할 수 있다.

스위스워터법과 거의 비슷한 마운틴워터법이라는 방식도 있다. 멕시코에서 주로 사용되는 가공법인데, 피코데오리사바(Pico de Orizaba) 산에서 나는 산수를 사용한다는 점이 다르다.

이산화탄소법

저온, 고압 조건에서 생두를 액체 이산화탄소에 넣어 카페인을 추출한다. 커피의 향미가 거의 손실되지 않는다는 것이 이 방법의 장점이다. 추출된 카페인은 여과하거나 증발시키고 액체 이산화탄소는 재활용한다. 본연의 향미가 그대로 보존되는 데다가 화학약품을 쓰지 않아 자극이 적어 유기공법으로 인정받고 있다.

이산화탄소법으로 처리한 생두
이 방법으로 가공한 생두는 덜 단단하고 암녹색 광택을 띤다.

세계의 커피

네팔이나 호주 일부 같은 특이 사례를 빼고, 커피 생산지는 남회귀선과 북회귀선 사이의 열대지역에 대부분 몰려 있다. 100개가량의 국가와 지역이 재배 능력을 갖추고 실제로 재배도 하지만 정식으로 수출하는 나라는 약 60개국뿐이다. 딱 두 가지 품종만 주력해서 키우는 모노컬처(monoculture) 농법을 따름에도 세계의 커피는 산지에 따라 놀랍도록 다채로운 향미를 뽐낸다. 역사 또한 보통 오래된 게 아니다. 오늘날 위기와 기회를 동시에 맞이한 커피산업은 인류 평등과 지구의 건강을 도모하는 데 큰 역할을 담당하고 있다. 다들 별 생각 없이 매일 습관처럼 마시는 한 잔이지만, 커피는 그 어떤 음료도 해내지 못한 방식으로 지구촌을 소통시킨다.

아프리카

에티오피아

에티오피아 커피는 다양한 품종 덕분에 특유의 향미가 난다. 무엇과도 비교할 수 없는 독특하고 우아한 꽃향과 허브향, 감귤계 과일향으로 유명하다.

AFRICA

최근에 남수단도 에티오피아와 어깨를 나란히 할 만하다는 연구 결과가 발표되긴 했지만, 에티오피아는 흔히 아라비카 커피의 발생지로 일컬어진다. 에티오피아에서는 커피농장을 가든(garden), 포레스트(forest), 세미포레스트(semi-forest), 플랜테이션(plantation) 등 다양한 이름으로 부른다. 커피농장의 수는 그리 많지 않지만 열매 수확부터 수출까지 전 과정을 통틀어 커피산업에 종사하는 국민은 약 1,500만 명에 이른다. 이곳에서는 커피를 대개 자급 목적으로 자연 재배하고, 일 년에 몇 달만 판매한다. 에티오피아에는 다른 곳에서는 찾아볼 수 없는 품종의 커피가 많다. 아직 발견되지 않은 것도 상당수라고 한다. 모카나 게이샤와 같은 재래종이 함께 자라기 때문에 에티오피아의 커피는 모양이 균일하지 않다.

최근, 기후 변화가 야생종 커피나무의 생존을 위협하고 있다. 문제는 야생종이 커피 보존의 유전학적 열쇠를 쥐고 있다는 것이다. 그러므로 전 지구적 관점에서 커피의 미래를 위해 토착재래종의 유전적 다양성을 보호할 필요가 있다.

에티오피아 커피의 주요 특징

세계시장 점유율: 4.5%

수확기: 10월~12월

정제 방법: 워시드, 내추럴

주 재배종: 여러 가지 아라비카 토착재래종

생산량: 세계 랭킹 5위

익지 않은 커피체리
일주일에 적게는 한 번, 많게는 세 번까지 익은 열매(16~17페이지 참조)만 골라 딴다.

레켐프티, 웰레가, 김비

커피를 정제할 때 워시드 방식과 내추럴 방식 모두 사용한다. 잘 고르면 시다모나 예가체프보다 더 풍성하고 달면서 거친 맛을 내는 생두를 만날 수 있다.

리무와 짐마

워시드 방식으로 정제했다면 '리무', 내추럴 방식으로 정제했다면 '짐마'라는 이름을 달고 수출된다. 일반적으로 시다모 커피보다는 온화하며 품질의 편차가 심하다.

ERITREA

RED SEA

TIGRAY

SUDAN

Danakil Desert

DJIBOUTI

Lake Tana

Gulf of Aden

AMARA

Bahir Dar

AFAR

BINSHANGUL GUMUZ

E T H I O P I A

Ethiopian Highlands

SOUTH SUDAN

레켐프티, 웰레가, 김비

리무

OROMO

ADDIS ABABA

Dire Dawa

하라

SOMALIA

GAMBELA HIZBOCH

일루바보르

아마로

짐마

Great Rift Valley

아르시

SUMALE

칼바타

발레

카파

웰라이타

예가체프

테피

SOUTHERN

Lake Abaya

OROMIYA

베베카

시다모

구지

보레나

KENYA

지도보기

● 주요 커피 산지

▦ 생산 지역

- - - 분쟁 경계선

0 km   200

0 miles   200

시다모

녹음이 우거진 시다모는 다채로운 풍광을 자랑하는 지역이다. 그래서인지 이곳의 커피에서는 과일향부터 견과류와 허브향에 이르기까지 복합적인 향미가 난다.

예가체프

이 작은 동네에서 최고의 에티오피아 커피가 생산된다. 예가체프 커피에서는 밝은 레몬향과 꽃향기와 함께 가벼운 질감과 균형잡힌 단맛이 느껴진다.

하라

덥고 몹시 건조해서 거의 사막에 가까운 지역이다. 이곳의 커피에서는 흙향이 난다. 하라 커피 중에서는 블루베리와 과일향이 나는 것을 최상급으로 치며 거의 모든 하라 커피가 내추럴 방식으로 정제된다.

케냐

케냐 커피는 진한 아로마와 밝은 산미가 일품으로 손꼽힌다. 지역마다 미묘한 차이는 있지만, 베리의 향이 돋보이는 복합적인 과일향과 감귤류의 산미, 감칠맛, 풍성한 질감이 공통적인 특징이다.

AFRICA

케냐에서 부지 규모가 15헥타르를 넘는 농장은 330곳에 불과하다. 커피 생산자의 절반 이상이 수십 헥타르의 땅덩이에서 커피나무를 기르는 소농이다. 이 소농들이 협동조합 형태로 팩토리를 결성하는데, 팩토리는 소속 농가의 커피체리를 한데 모아 처리한다. 한 팩토리에 소속된 농가는 수백에서 많게는 수천에 이른다.

케냐의 주 재배종은 아라비카종, 그중에서도 SL, K7, 루이루다. 생산량의 대부분은 수출 목적으로 워시드 방식으로 정제하고(20~21페이지 참조) 소량만 내수용으로 내추럴 방식으로 가공한다. 정제 과정을 마친 생두는 매주 열리는 경매를 통해 거래된다. 수출업자들은 그 전주에 미리 샘플을 맛본 뒤에 찍어둔 생두에 입찰한다. 이 시스템은 코모디티 커피 시장의 가격 변동에 큰 영향을 받는다는 단점이 있지만, 경매를 통해 고품질의 커피에 높은 가격이 매겨지므로 생산자 입장에서는 농업기술을 개선하고 커피의 품질을 높이는 동기부여가 되는 것이 사실이다.

현지 기술

케냐에서는 현재 여러 가지 아라비카 자생종과 마르사빗 삼림지대에서 발견된 야생 꼭두서니과 식물 여덟 종을 이용한 연구가 진행 중이다.

케냐 커피의 주요 특징

세계시장 점유율: 0.52%

수확기: 메인 크롭(MAIN CROP) 대량수확기 10월~12월, 플라이 크롭(FLY CROP) 소량수확기 4월~6월

정제 방법: 워시드, 일부는 내추럴

주 재배종: 아라비카종 SL 28, SL 34, K7, 루이루 11, 바티안

생산량: 세계 랭킹 18위

특징적인 적토
알루미늄과 철이 풍부한 케냐의 적점토가 케냐 커피 특유의 향미를 선사한다.

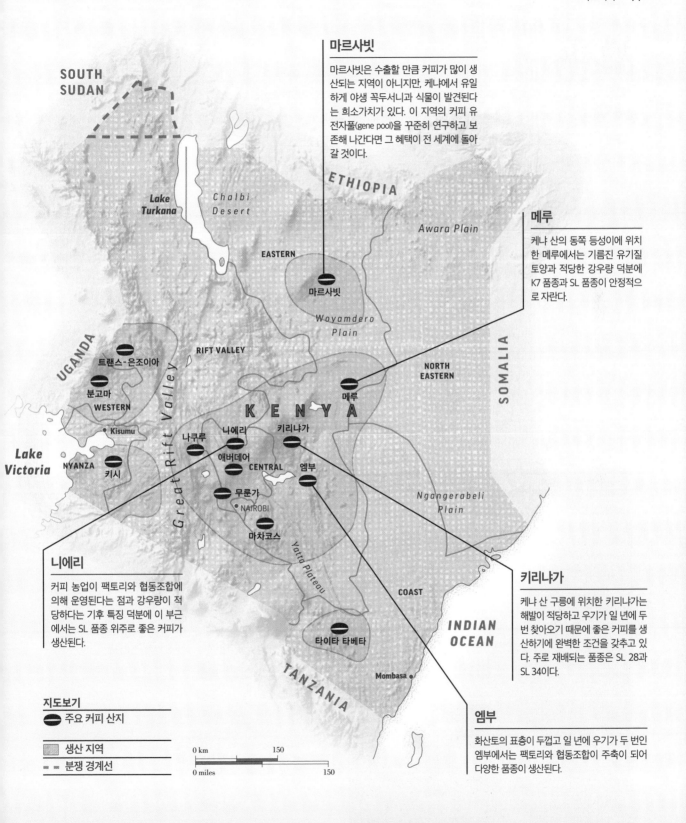

마르사빗

마르사빗은 수출할 만큼 커피가 많이 생산되는 지역이 아니지만, 케냐에서 유일하게 야생 꼭두서니과 식물이 발견된다는 희소가치가 있다. 이 지역의 커피 유전자풀(gene pool)을 꾸준히 연구하고 보존해 나간다면 그 혜택이 전 세계에 돌아갈 것이다.

메루

케냐 산의 동쪽 등성이에 위치한 메루에서는 기름진 유기질 토양과 적당한 강우량 덕분에 K7 품종과 SL 품종이 안정적으로 자란다.

니에리

커피 농업이 팩토리와 협동조합에 의해 운영된다는 점과 강우량이 적당하다는 기후 특징 덕분에 이 부근에서는 SL 품종 위주로 좋은 커피가 생산된다.

키리냐가

케냐 산 구릉에 위치한 키리냐가는 해발이 적당하고 우기가 일 년에 두 번 찾아오기 때문에 좋은 커피를 생산하기에 완벽한 조건을 갖추고 있다. 주로 재배되는 품종은 SL 28과 SL 34이다.

엠부

화산토의 표층이 두껍고 일 년에 우기가 두 번인 엠부에서는 팩토리와 협동조합이 주축이 되어 다양한 품종이 생산된다.

지도보기

● 주요 커피 산지

▨ 생산 지역

-- 분쟁 경계선

0 km 150

0 miles 150

탄자니아

탄자니아 커피는 향미를 기준으로 크게 둘로 나뉜다. 빅토리아 호수 근처에서 재배해 내추럴 방식으로 정제하는 로부스타종과 아라비카종은 단맛과 묵직한 바디감을 가지고 있다는 평을 받는다. 반면에 나머지 지역에서 재배해 워시드 방식으로 정제하는 아라비카종은 감귤과 베리를 연상케 하는 밝은 느낌을 준다.

AFRICA

탄자니아에 커피가 소개된 것은 1898년, 기독교 선교사들에 의해서다. 오늘날 탄자니아에서는 로부스타종도 재배하지만 주 작물은 아라비카종이다. 부르봉, 켄트, 니아싸, 그리고 그 유명한 블루마운틴의 비중이 높다. 탄자니아의 커피 생산량은 2014/2015년에 75만 3,000포대였다가 2018/2019년 117만 5,000포대에 이르는 등 들쑥날쑥하다. 하지만 매년 전체 수출액의 20퍼센트 정도를 커피가 차지한다. 한 그루당 산출량이 적다는 것이 낮은 가격이나 전문 인력, 설비의 부재와 함께 앞으로 해결해야 할 문제점으로 지적된다. 탄자니아의 커피는 대부분 가족 단위의 소농이 재배한다. 45만 가구가 커피 농사를 짓고 커피산업 전체로 따지면 250만 명가량이 이 업종에 종사한다.

다른 아프리카 국가들과 마찬가지로 경매를 통해 판매되는 것이 보통이지만 직접거래 창구도 열려 있기 때문에 원하는 구매자는 수출업자와 직접 접촉할 수 있다. 이것은 좋은 커피를 높은 가격에 매매함으로써 장기적으로 지속 가능한 생산의 선순환을 유도하는 원동력이 된다.

탄자니아 커피의 주요 특징

세계시장 점유율: 0.56%

수확기: 아라비카종 7월~이듬해 2월,
　　　　로부스타종 4월~12월

정제 방법: 아라비카종 워시드, 로부스타종 내추럴

주 재배종: 70% 아라비카종 부르봉, 켄트, 니아싸,
　　　　　블루마운틴; 30% 로부스타종

생산량: 세계 랭킹 16위

빨갛게 익어가는 커피체리
커피체리는 익는 속도가 제각각이기 때문에, 일꾼들이 같은 나무라도 여러 번 들러서 익은 열매만 골라 딴다.

카게라와 부코바

빅토리아 호수를 따라 북서부에 위치한 이 지역에서는 로부스타종이 재배된다. 대부분은 내추럴 방식으로 정제하며 국내 전체 생산량의 25퍼센트가량을 차지한다.

킬리만자로와 아루샤

킬리만자로 산 고지대에서 화산토와 높은 해발을 이용해 동아프리카 최고의 커피를 생산한다.

UGANDA

Lake Victoria

KENYA

RWANDA

● 부코바

● 카게라

● 므완자

● Mwanza

Serengeti Plain

BURUNDI

● 마라

● 아루샤

Masai Steppe

● 만야라

킬리만자로

● 우삼바라 산

Tanga

● Kigoma

SHINYANGA

● 키고마

TABORA

T A N Z A N I A

SINGIDA

DODOMA
● DODOMA

● 탕가

Zanzibar

Dar es Salaam

PWANI

Mafia

우삼바라 산

우삼바라 산은 이스턴아크(Eastern Arc) 산맥의 일부다. 최근에 이곳에서 두 가지 커피 품종이 새로 발견되면서 탄자니아에서 자생하는 커피나무의 종류가 총 16가지로 늘어났다. 커피 연구와 보존에 힘쓰는 모든 이에게 반가운 소식이 아닐 수 없다.

DEM. REP. CONGO

Lake Tanganyika

Great Rift Valley

● 루크와

● 음베야

● 이링가

● 모로고로

LINDI

INDIAN OCEAN

ZAMBIA

MALAWI

Lake Nyasa

● 루부마

● 음빙가

MTWARA

MOZAMBIQUE

지도보기

● 주요 커피 산지

[ ] 생산 지역

0 km   200

0 miles   200

음베야

새롭게 떠오르는 이 지역에서는 젊은 농부들이 지역 내 커피 생산의 대부분을 책임지고 있다.

루부마와 음빙가

남부 고지대에서 커피를 재배한 지는 50년이 안 된다. 따라서 앞으로의 성장 가능성이 높다.

르완다

르완다 커피는 동아프리카에서 생산되는 커피 중에서 가장 온화하고 단맛과 꽃향기가 가장 진한 것으로 평가된다. 섬세하게 균형 잡힌 향미 덕분에 전 세계인의 마음을 빠르게 사로잡고 있다.

르완다에 커피나무가 처음 심어진 것은 1904년, 첫 수출이 이루어진 것은 1917년이다. 해발이 높고 평균 강우량이 일정하다는 장점이 있기 때문에 점차 품질이 향상될 것이라는 기대가 크다.

국가 총 수출액의 절반 정도가 커피에서 나오기 때문에 커피가 르완다의 사회경제적 발전의 중심 동력으로 자리 잡고 있다. 최근에는 전국에 세워진 생두정제공장의 수가 폭발적으로 늘어남에 따라 50만여 소농들이 손쉽게 시설을 이용하고 교육을 받을 수 있게 되었다.

단, 이른바 '감자취'는 여전히 르완다 커피산업 발전의 걸림돌로 남아 있다. 이는 특정 박테리아에 감염된 결점두로 커피콩에서 생감자 맛이 나는 것을 말한다. 하지만 르완다는 오래된 부르봉 나무가 압도적으로 많고 지리적으로 높은 해발과 비옥한 토양을 갖추고 있기 때문에, 르완다 커피는 여전히 세계 시장에서 좋은 커피로 인정받는다.

북부

북부 아래쪽 지역에서 생산된 커피는 감귤류, 핵과류 과일, 캐러멜의 향미가 적절한 균형을 이루어 달콤한 맛이 난다.

서부

키부 호수를 따라 이어지는 이 지역은 르완다에서 명성 높은 정제공장 대부분이 모여 있는 곳이다. 따라서 서부에서는 풍성하고 향긋하며 우아한 향미를 내는 최고 품질의 커피가 안정적으로 생산된다.

AFRICA

NYAGATARE

TANZANIA

GATSIBO

Eastern Plain

GICUMBI

KAYONZA

Lake Ihema

동부

GASABO

Kabuga

KICUKIRO

Lake Cyambwe

RWAMAGANA

NGOMA

BUGESERA

KIREHE

Lake Rweru

르완다 커피의 주요 특징

세계시장 점유율: 0.16%

수확기: 아라비카종 3월~8월, 로부스타종 5월~6월

정제 방법: 워시드, 일부는 내추럴

주 재배종: 99% 아라비카종 부르봉, 카투라, 카투아이; 1% 로부스타종

생산량: 세계 랭킹 29위

아직 익지 않은 아라비카종 커피체리
커피체리가 익으면 일꾼들이 직접 손으로 한 알씩 딴다.

남부

르완다 남부의 고지대에서는 꽃향과 감귤향이 감도는 단맛이 나고 무겁지 않으면서 부드러운 질감을 가진 고전적인 커피가 생산된다.

동부

르완다의 남동부 끝자락에도 정제공장과 커피농장이 있다. 이곳의 커피는 진한 초콜릿과 베리류 과일의 내음이 어우러져 나기 때문에 천천히 유명세를 타고 있다.

지도보기

⊖ 주요 커피 산지

▨ 생산 지역

0 km   20

0 miles   20

코트디부아르

다크 초콜릿, 견과류, 담배의 향미를 겹겹이 품은 커피를 최고 등급으로 친다. 생산종은 대부분이 로부스타다.

코트디부아르가 1960년에 프랑스의 지배에서 독립했을 때 갓 출범한 자치정부는 더 부드럽고 달콤하면서 쓴맛은 덜한 커피를 개발하고 싶어 했다. 그렇게 시작된 로부스타와 아라비카 교배종 연구는 아라부스타라는 일명 '대통령의 커피'를 탄생시켰다.

품질은 향상되었지만 생산현장에서는 신품종이 기대만큼 환영받지 못했다. 첫 수확이 가능해지기까지 오랜 시간이 걸리면서, 수율은 더 낮은 데다가 손이 많이 가는 탓이었다. 여전히 아라부스타를 재배하는 농가는 소수에 머문다.

한때 코트디부아르는 브라질과 콜롬비아에 뒤이어 셋째 가는 커피 생산지였다. 여전히 커피가 제2의 국가 수출 품목이긴 하지만 수출량 세계 랭킹에서 브라질과 베트남에 추월당한지 이미 오래다. 생산량은 2000년에 정점을 찍은 뒤로 투자 부재와 두 차례의 내전 때문에 급감세로 돌아섰다. 최근에는 농가 교육 프로그램에 예산이 확충되었다는 반가운 소식이 있다. 대체로 온 국민이 씁쓸한 커피에 그닥 매력을 느끼지 못하지만 그들 마음 한 구석에는 소실 위기에 직면한 아라부스타 교배종을 향한 애정이 아직 남아 있을지 모른다.

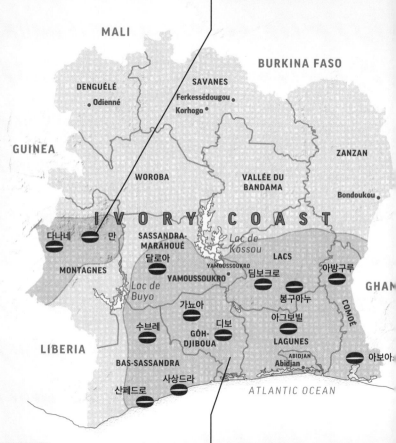

만

'대통령의 커피'인 교배종 아라부스타는 서늘한 기후의 고지대에서 잘 자라기 때문에, 재배지가 몽테뉴 주의 만 인근에 집중되어 있다.

로부스타 커피벨트

동쪽의 아방구루부터 서쪽의 다나네까지 남단 해안선을 따라 로부스타 커피벨트가 넓게 펼쳐진다.

코트디부아르 커피의 주요 특징

세계시장 점유율: 1.08%

수확기: 11월~이듬해 4월

정제 방법: 내추럴

주 재배종: 로부스타종; 아라부스타

생산량: 세계 랭킹 14위

지도보기

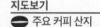 주요 커피 산지

생산 지역

콩고 민주공화국

현재 콩고 민주공화국(Democratic Republic of the Congo의 약자 DRC로도 불림)은 커피산업 재건 작업에 한창이어서 종종 최상품 커피를 선보이기도 한다. 이곳의 커피는 이웃나라들의 명성에 견줄 만하게 풍성하고 묵직한 바디감에 베리류, 향신료, 초콜릿의 향이 느껴지는 것이 특징이다.

콩고에 대규모 커피농장을 처음 지은 것은 식민지배 시절의 벨기에였다. 잠깐 호황을 누린 커피산업은 1990년대 초 빠르게 사양길에 들어섰다.

그러던 2012년, 사업 재건 프로그램이 시작된다. 목표는 1980년대 규모로 생산량을 끌어올리는 것이었다. 현재 전국에서 활동이 펼쳐지는데 정부, NGO, 민간의 삼자 협력 덕에 조금씩 소기의 성과가 드러나고 있다.

이런 추세라면 곧 콩고 커피산업에도 새 시대가 열릴 듯하다. 오늘날 콩고 사람들은 커피를 수십 년 간의 착취와 폭력으로 입은 상처를 치유하는 방법으로 여기고 있다.

북부 지방

바우엘레, 오트우엘레, 초포 등의 북부 지방은 로부스타종 생산에 집중한다는 계획이다.

서부 지방

크윌루, 콰고, 마이은돔베 등의 서부 지방에 전략적으로 아라비카종을 식재하는 움직임이 활발하다.

지도보기

⬤ 주요 커피 산지

▨ 생산 지역

남키부

남키부 지역은 오랜 역사를 자랑하지만 그만큼 노목이 대부분인 농장이 많다.

콩고 민주공화국 커피의 주요 특징

세계시장 점유율: 0.22%

수확기: 10월~이듬해 5월

정제 방법: 워시드, 내추럴

주 재배종: 로부스타종; 아라비카종 부르봉

생산량: 세계 랭킹 27위

부룬디

부룬디에서 생산되는 커피는 지역색이 뚜렷하지 않은 편이다. 하지만 은은한 꽃내음과 감귤류의 달콤함이 어우러지는 향미부터 초콜릿과 견과류의 느낌까지 종류가 다양하다는 면에서 부룬디 커피에 대한 스페셜티 시장의 관심이 높아지고 있다.

AFRICA

부룬디가 커피 재배에 본격적으로 뛰어든 것은 1930년대에 불과하다. 게다가 커피 전문가들이 부룬디 커피의 진가를 알아보기까지는 상당한 시간이 걸렸다. 정치적 불안과 기후변화, 지리적으로 완벽한 내륙국이라는 부룬디 커피산업의 실정이 구매자의 발길을 막고 있기 때문이다. 운 좋게 외부인이 부룬디 커피를 구하더라도 이미 커피의 질이 크게 손상된 뒤이기 일쑤다.

부룬디에서는 로부스타종도 소량 재배하지만 주재배종은 아라비카종, 그중에서도 부르봉, 잭슨, 미비리지다. 유기농법을 사용한다는 것이 특징인데, 다름 아니라 화학비료와 살충제를 살 자금이 부족하기 때문이다. 정제는 워시드 방식으로 한다. 약 60만 농가가 소규모로 각각 200~300그루 정도를 키우는데, 생계를 위해 다른 작물을 함께 재배하고 가축도 기를 정도로 영세하다. 당연히 개인 소유 정제공장은 없으며 농장주가 수확물을 중간처리시설에 가져가 작업을 맡긴다(우측 '현지 기술' 참조). 이 정제공장들은 소게스탈(sogestal)이라는 일종의 협동조합에 소속되어 있다. 소게스탈은 정제 공정뿐만 아니라 커피의 운송과 판매 업무도 관장한다.

부룬디 커피는 감자취가 자주 발생하지만(74페이지 참조) 이 문제를 해결하기 위해 자체 연구가 꾸준히 진행되고 있다.

현지 기술

정제공장 160곳이 구릉지대에 밀집해 있다. 이곳에서는 특수 제작된 수조에 생두를 담가 워시드 방식으로 가공한다(21페이지 참조).

부룬디 커피의 주요 특징

세계시장 점유율: 0.14%

수확기: 2월~6월

정제 방법: 워시드

주 재배종: 96% 아라비카종 부르봉, 잭슨, 미비리지; 4% 로부스타종

생산량: 세계 랭킹 30위

부르봉 커피체리
부룬디에서 재배하는 커피는 대부분 부르봉이다. 프랑스인 선교사가 레위니옹 섬에 가져온 것과 똑같은 품종이다.

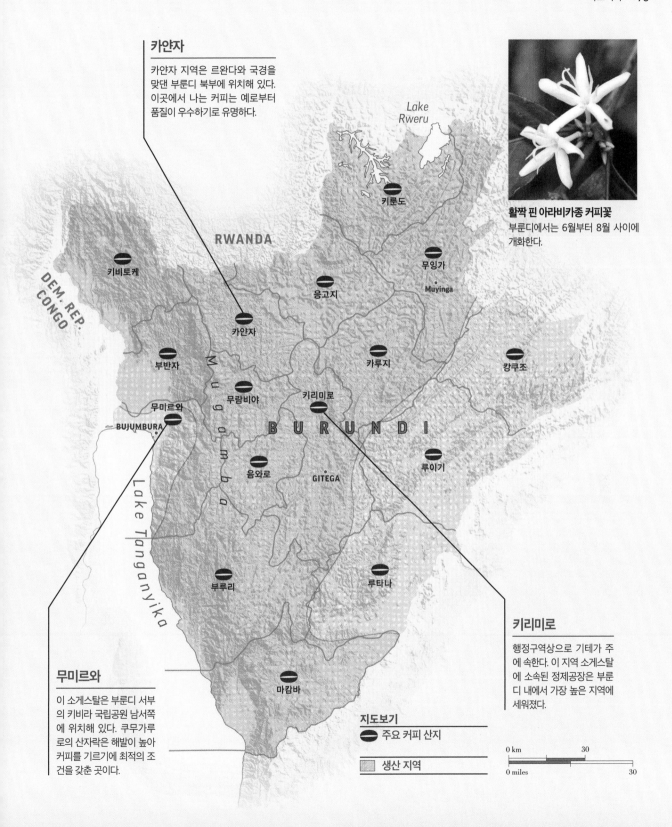

카얀자

카얀자 지역은 르완다와 국경을
맞댄 부룬디 북부에 위치해 있다.
이곳에서 나는 커피는 예로부터
품질이 우수하기로 유명하다.

활짝 핀 아라비카종 커피꽃
부룬디에서는 6월부터 8월 사이에
개화한다.

키리미로

행정구역상으로 기테가 주
에 속한다. 이 지역 소게스탈
에 소속된 정제공장은 부룬
디 내에서 가장 높은 지역에
세워졌다.

무미르와

이 소게스탈은 부룬디 서부
의 키비라 국립공원 남서쪽
에 위치해 있다. 쿠무가루
로의 산자락은 해발이 높아
커피를 기르기에 최적의 조
건을 갖춘 곳이다.

지도보기

- 🔴 주요 커피 산지
- ▨ 생산 지역

0 km   30
0 miles   30

지도 내 지명

Lake Rweru
RWANDA
키룬도
무잉가
Muyinga
DEM. REP. CONGO
키비토케
응고지
카얀자
부반자
무람비야
무미르와
BUJUMBURA
카루지
캉쿠조
키리미로
B U R U N D I
루이기
음와로
GITEGA
Mugamba
Lake Tanganyika
부루리
루타나
마캄바

우간다

우간다의 토착종은 로부스타종이다. 지금도 몇몇 지역에서는 로부스타종 커피나무가 노지에서 자생한다. 이 나라가 세계에서 둘째가는 로부스타종 수출국이라는 사실이 충분히 이해되는 대목이다.

아라비카종은 1900년대 초에 우간다에 처음 소개된 이래로 대부분 엘곤 산 구릉지대에서 집중적으로 재배된다. 약 300만 가구가 커피산업에 의존해 생계를 이어간다. 티피카와 SL을 포함한 몇 가지 아라비카종도 소량 생산한다.

새로운 농업기술과 가공기법의 도입으로 아라비카종과 로부스타종 모두 품질이 눈에 띄게 향상되었다. 흔히 아라비카종보다 못하다고 평가되고 해발이 상대적으로 낮은 지대에서 재배되는 로부스타종을 우간다에서는 특이하게 해발 1,500미터 높이에서 기른다. 그뿐만 아니라 이제는 생두를 내추럴 방식이 아닌 워시드 방식으로도 정제한다(20~21페이지 참조). 이런 기술 개량을 통해 품질 개선을 이끌어내면 그 보상은 온전히 농부들에게 돌아간다.

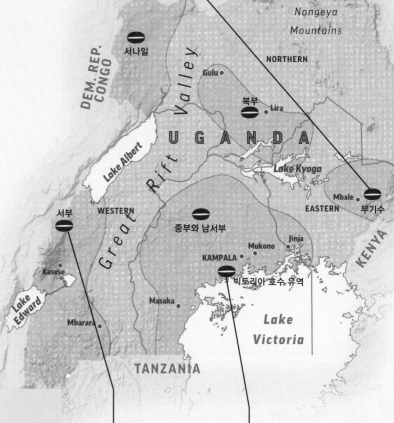

부기수

부기수와 엘곤 산 인근의 해발 1,600~1,900미터 지역에 소농들이 분포해 있는데, 이곳에서 생산된 아라비카종 생두를 워시드 방식으로 정제하면 묵직한 질감에 초콜릿의 달콤한 향이 나는 것이 특징이다.

우간다 커피의 주요 특징

세계시장 점유율: 2.7%

수확기: 아라비카 10월~이듬해 2월, 로부스타는 일 년 내내 수확하지만 10월~이듬해 2월 사이에 수확량이 가장 많다.

정제 방법: 워시드, 내추럴

주 재배종: 80% 로부스타종; 20% 아라비카종 티피카, SL 14, SL 28, 켄트

생산량: 세계 랭킹 8위

서부

눈 덮인 루웬조리 산은 일명 '드루가'라고 하는 자연 건조한 아라비카종의 주산지다. 이곳에서 생산된 커피는 과일 향이 진하고 산미가 좋아 와인과 비슷한 느낌이 난다.

빅토리아 호수 유역

로부스타종은 빅토리아 호수 유역처럼 비옥한 점토질 토양에서 잘 자란다. 이 지역에서는 해발이 높아 산미가 뛰어나면서 다채로운 향미를 지닌 커피가 만들어진다.

지도보기
주요 커피 산지
생산 지역

말라위

말라위는 커피 생산량 순위상으로 꼴찌 그룹에 속하지만 은은한 꽃향기가 나는 이곳의 커피는 좋은 평을 받는다.

말라위에는 1891년에 영국에 의해 커피가 처음 소개되었다. 말라위의 커피농업 양상은 조금 특이하다. 이곳에서 재배되는 아라비카종은 대부분이 게이샤와 카티모르이고 나머지를 아가로, 문도 노보, 부르봉, 블루마운틴이 차지한다. 한편, 최근 전략적으로 육성하는 케냐 SL 28도 스페셜티 시장을 활성화하는 데 일조하고 있다.

다른 아프리카 국가들과 달리 말라위에서는 커피나무를 계단식 경작지에 심어 기른다. 토양침식을 막고 수자원을 보호하기 위한 조치다. 연간 생산량은 2만 포대 정도이고 대부분이 수출된다. 커피 재배에 종사하는 농가 수는 약 50만 가구로 집계된다.

미수쿠 구릉지대

해발 1,700~2,000미터 높이로 솟은 이 지역에서 말라위 최고의 커피가 생산된다. 송그웨 강과 가까워 강우량과 기온이 일정하다.

포카 구릉지대

니이카 국립공원 평원과 칠람바베이 사이에 위치한 리빙스토니아 지역에 포카 구릉지대가 있다. 해발 1,700미터 정도인 이곳에서 커피가 재배된다. 이곳에서 자라는 커피는 달콤하면서 은은하고 우아한 꽃내음이 일품이다.

은카타베이 고지대

음주주 남동부와 남서부의 해발 2,000미터 높이에 은카타베이 고지대가 펼쳐진다. 이곳의 기후는 덥고 습하다. 그래서인지 이곳에서 재배되는 몇몇 품종은 에티오피아 커피와 매우 흡사한 맛이 난다.

말라위 커피의 주요 특징

세계시장 점유율: 0.01%

수확기: 6월~10월

정제 방법: 워시드

주 재배종: 아라비카종 아가로, 게이샤, 카티모르, 문도 노보, 부르봉, 블루마운틴, 카투라

생산량: 세계 랭킹 48위

지도보기

⬤ 주요 커피 산지

▨ 생산 지역

0 km   100

0 miles   100

카메룬

카메룬 커피는 묵직한 바디감과 약한 산미가 특징이다.
향에서는 코코넛, 견과류, 흙이 연상된다.

AFRICA

카메룬 커피의 역사는 1800년대 후반 독일 점령기로 거슬러 올라간다. 독일인들은 과감하게 대형농장부터 짓기보다는 시험삼아 정원처럼 꾸민 소규모 경작지를 곳곳에 마련하고 신중하게 접근했다. 그러다 리또랄과 웨스트 지역이 최적의 경작지라는 결론을 내리고 커피 재배가 본격화된 것이 1950년대의 일이다. 하지만 1990년대 초, 정부가 보조금 삭감과 민영화를 실행하면서 생산비가 천정부지로 치솟았다. 커피로는 도저히 이윤을 뽑을 수 없게 된 수많은 농가가 안정적인 수입을 주는 다른 작물로 발길을 돌린 건 당연했다.

결국, 한때 세계 8위에 오르기도 했던 카메룬의 커피 산업은 이중삼중의 암초에 걸려 곤두박질쳤다. 이에 정부는 자국민에게 커피 소비를 독려하며 다시 활로를 궁리하고 있다. 내수 증가는 업계 회생과 지방 농가의 소득 확보에 실질적인 도움을 줄 것이다.

고지대

식재된 나무의 약 80%가 로부스타종이지만 웨스트, 사우스웨스트, 그리고 최근에 합류한 노스웨스트 지역의 고지대를 주축으로 아라비카종으로 바꾸어 심는 작업이 꾸준히 진행 중이다.

Lake Chad

EXTREME-NORD
• Maroua

• Garoua

CHAD

NORD

Adamawa Highlands

NIGERIA

Ngaoundéré •

ADAMAOUA

노스웨스트
• Bamenda

사우스웨스트
웨스트 • Foumban
Bafoussam •

CAMEROON

CENTRAL AFRICAN REPUBLIC

Nkongsamba •
Kumba

리또랄

상트르

Bertoua •
에스트

Gulf of Guinea

• Douala

YAOUNDÉ

EQUATORIAL GUINEA

사우스 • Ebolowa

GABON

CONGO

리또랄과 웨스트

리또랄과 웨스트 지역이 카메룬 커피시장 내 전체 공급의 75%가량을 책임진다.

지도보기
◼ 주요 커피 산지
▦ 생산 지역

0 km ——— 200
0 miles ——— 200

카메룬 커피의 주요 특징

세계시장 점유율: 0.23%

수확기: 10월~이듬해 1월

정제 방법: 워시드, 펄프드 내추럴, 내추럴

주 재배종: 로부스타종; 아라비카종 자바, 티피카

생산량: 세계 랭킹 26위

잠비아

프루트펀치향, 꽃향기, 초콜릿, 캐러멜, 달콤함과 산미가 골고 루 어우러진 잠비아 커피는 동부 아프리카를 통틀어 으뜸이라 고 해도 과언이 아니다. 다 케냐와 탄자니아에서 들여온 종자 덕분이다.

업계 후발주자인 잠비아는 원래 커피를 재배하지 않았다. 그런데 1950년대 무렵 영국인들이 케냐와 탄자니아에서 부르봉 종자를 들여와 루사카 지역의 대규모 부지에 심었 다. 나쁜 수는 아니었지만 그렇다고 루사카가 최적의 재 배 환경인 것도 아니었다.

1964년 독립 후에도 커피산업을 지속시키 기 위한 노력은 이어졌다. 1970년대에는 토질 과 기후 개선에 특히 공을 들였고 생산지가 점 차 북부와 무칭가 쪽으로 옮겨갔다. 수 년 만 에 1,000여 소농들이 신품종에 적응하는 데 성공했다. 1985년에는 최초로 이곳의 커피가 외국으로 수출되었다.

2003년에 11만 9,000포대나 되었다가 2014년에는 3,000포대에 그치는 등 생산에 기복이 있는 편이다. 그래도 민간과 정부 양 측의 재정지원 덕에 최근에는 다시 오름세를 보이고 있다.

AFRICA

무칭가 절벽

해발 2,300미터까지 올라가는 무 칭가 절벽과 마핑가 구릉지는 커피 를 기르기에 안성맞춤인 기후와 토 질을 갖추고 있다.

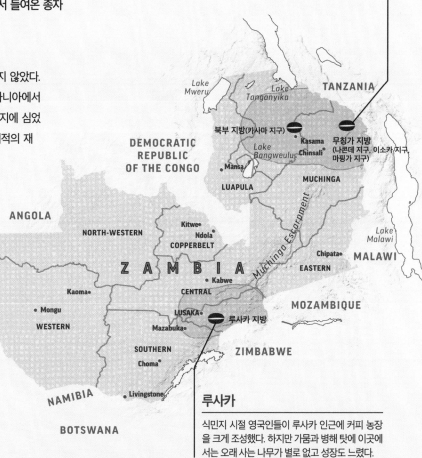

TANZANIA

Lake Mweru

Lake Tanganyika

DEMOCRATIC REPUBLIC OF THE CONGO

북부 지방(카사마 지구) Kasama Chinsali 무칭가 지방 (나콘데 지구, 이소카 지구 마핑가 지구)

Lake Bangweulu

Mansa

LUAPULA

MUCHINGA

ANGOLA

NORTH-WESTERN

Kitwe Ndola COPPERBELT

Z A M B I A

Muchinga Escarpment

Lake Malawi

Chipata EASTERN

MALAWI

Kabwe

Kaoma

CENTRAL

Mongu

WESTERN

LUSAKA Mazabuka

루사카 지방

MOZAMBIQUE

SOUTHERN Choma

ZIMBABWE

Livingstone

NAMIBIA

BOTSWANA

루사카

식민지 시절 영국인들이 루사카 인근에 커피 농장 을 크게 조성했다. 하지만 가뭄과 병해 탓에 이곳에 서는 오래 사는 나무가 별로 없고 성장도 느렸다.

잠비아 커피의 주요 특징

세계시장 점유율: 0.01%

수확기: 6월~10월

정제 방법: 워시드, 내추럴, 허니

주 재배종: 아라비카종 부르봉, 카티모르, 카스틸로, 자바

생산량: 세계 랭킹 52위

지도보기

주요 커피 산지

생산 지역

0 km　　　200

0 miles　　　200

짐바브웨

1960년대까지도 짐바브웨에서는 커피가 하나의 산업으로 키울 만한 품목으로
여기지 않았다. 이곳의 아라비카 커피는 시큼달달하면서 와인 풍미가 나는 것으
로 유명하다.

AFRICA

1890년대에 소형 커피농장 몇 곳이 문을 열었지만 수십
년 간 뒤따른 돌림병과 가뭄 탓에 농사가 정착하는 데 적
잖은 애를 먹었다. 다행히 긍정적인 마음가짐으로 쇄신
한 덕에 1960년대와 1990년대에는 황금기를 맞을 수 있
었다.

하지만 2000년대에 들어서부터 위태로운 정치상황,
경제 침체, 커져가는 내부 갈등이 강경파 세력을 키웠고
이들이 개인 농장들을 점령하고 토지를 강탈하는 사태가
벌어졌다. 이 시기에 재산을 지켜낸 백인 농
장주가 손에 꼽을 정도였다. 결국, 짐바브웨
의 커피 생산량은 2013년에 고작 7,000포대
수준으로 뚝 떨어졌다.

그러던 2017년, 새 정부가 들어서면서 커피
업계에 새로운 희망이 싹트기 시작했다. 현재는
민간의 자발적 노력과 NGO 단체들의 지원에 힘입
어 짐바브웨의 땅에 커피나무가 다시 자란다.

홍드 밸리

홍드 밸리처럼 외진 지역들에 재기의 조
짐이 역력하다. 2000년의 2,000여 가
구 중 약 300농가만 여전히 커피농사를
짓는 걸로 파악되지만 이 숫자는 몇 년
이내에 배로 불어날 것이다.

짐바브웨 커피의 주요 특징

세계시장 점유율: 0.01%

수확기: 6월~10월

정제 방법: 워시드

주 재배종: 아라비카종 카티모르, 카투라

생산량: 세계 랭킹 53위

지도보기

⬤ 주요 커피 산지

▨ 생산 지역

0 km   100

0 miles   100

동부 고원

모잠비크와 국경을 맞댄 동부 고
원을 따라 커피 재배지가 늘어서
있다. 전체적으로는 남쪽의 치핑게
와 치매니마니, 서쪽으로 더 가서
붐바, 그리고 북쪽의 홍드 밸리와
무타사를 아우른다.

마다가스카르

커피 업계에서 마다가스카르는 향미 발굴의 잠재력이 무궁무진한 희귀 품종의 보고 같은 곳이다. 오늘날 시중에는 흙내음과 토피 느낌이 강한 것부터 감귤류 과일과 꽃을 연상시키는 것까지 다양한 종류의 마다가스카르 커피가 유통된다.

지구 상에서 가장 다양한 생물종이 사는 곳 중 하나인 마다가스카르가 야생 커피종의 보물창고라는 사실은 놀라운 일이 아니다. 공식 기록된 124개 품종 가운데 50여 종이 오직 이곳에서만 생장한다고 한다. 모노컬처 방식이라 병충해와 기후변화에 취약할 수밖에 없는 다른 나라들과 비교하면 마다가스카르는 유일무이하고 값을 매길 수 없을 만큼 귀한 작물 유전자원을 보유한 셈이다.

현재는 전체 품종의 60%가 멸종 위기에 처해 있고 야생 아라비카종도 그중 하나다. 커피의 미래는 야생종 군락지를 보호하고 종자은행에 더 많은 품종을 보관한다는 시급하고도 중차대한 과업에 달려 있는지 모른다.

북동부와 중부

북동부와 중부에서 아라비카종이 소량 발견된다. 아라비카 나무가 자라는 곳은 마하장가, 오트-마치아트라, 아모로니 마니아다.

로부스타 재배지

섬 전체 생산량의 약 98%를 로부스타종이 차지한다. 노시베 아일랜드를 비롯해 아치나나나, 오트-마치아트라, 아치모-안드레파나 등지에서 로부스타종이 발견된다.

마다가스카르 커피의 주요 특징

세계시장 점유율: 0.29%

수확기: 5월~10월

정제 방법: 내추럴, 워시드

주 재배종: 로부스타종; 아라비카종 티피카, 부르봉, 카티모르

생산량: 세계 랭킹 24위

지도보기

 주요 커피 산지

생산 지역

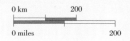

인도네시아, 아시아, 오세아니아

인도

인도의 아라비카종과 로부스타종은 에스프레소용으로 특히 인기가 높다. 묵직한 바디감과 낮은 산도 때문이다. 지역마다 향미의 차이가 뚜렷한 편이며 품종개발을 위한 노력이 활발히 이루어지고 있다.

ASIA

인도에서는 고추, 소두구, 생강, 견과, 오렌지, 바닐라, 바나나, 망고, 잭프루트와 같은 다른 작물들 사이사이에 커피나무를 심어 그늘을 만들어주는 셰이드 농법으로 커피를 재배한다. 수확한 열매는 워시드 방식, 내추럴 방식, 혹은 몬순 방식으로 정제한다. 몬순 방식은 커피체리를 남서계절풍에 노출시켜 말리는 것으로서, 인도에서만 볼 수 있는 특징이다(우측 '현지 기술' 참조).

카티모르, 켄트, S 795 등 여러 가지 아라비카종이 인도에서 재배되지만 주력 품종은 로부스타종이다. 커피 산업에 종사하는 농가는 25만 가구에 이르며 거의 대부분은 영세소농이다. 인구로 따지면 100만 명가량이 커피 덕분에 먹고 산다. 수확기는 로부스타종의 경우 일 년에 두 번이지만 그해의 기후조건에 따라 몇 주씩 어긋나는 경우가 많다.

최근 5년 동안의 연간 생산량 평균은 대략 570만 포대 수준이다. 이중에서 80퍼센트가 수출되지만 내수 소비량도 꾸준히 증가하는 추세를 보이고 있다.

인도 전역에서는 전통적으로 커피와 치커리를 3대 1정도의 비율로 섞어 우려낸 뒤에 여과하여 마신다.

현지 기술

특화된 몬순 방식으로 커피체리를 덥고 습한 바람에 그대로 노출시키면, 열매가 부풀었다가 꺼지면서 향미가 변한다.

로부스타종 커피체리
인도에서는 로부스타종 생두를 수확한 뒤에 몬순 방식으로 정제하기도 한다.

인도 커피의 주요 특징

세계시장 점유율: 3.5%

수확기: 아라비카종 10월~이듬해 2월, 로부스타종
    1월~3월

정제 방법: 내추럴, 워시드, 세미워시드, 몬순

주 재배종: 60% 로부스타종; 40% 아라비카종
    카우베리/카티모르, 켄트, S 795,
    셀렉션 4, 셀렉션 5B, 셀렉션 9,
    셀렉션 10, 산 라몬, 카투라, 데바마치

생산량: 세계 랭킹 7위

북동부 지역

이 지역에서 커피를 재배하기 시작한 것은 비교적 최근의 일이다. 인도 총생산량에 대한 기여도는 2퍼센트에 불과하다. 아라비카종만 생산된다는 것이 특징이다.

동부 지역

동부연안을 따라 안드라 프라데시와 오디샤에 커피농장이 새롭게 자리 잡았다. 이 지역에서 나오는 원두는 모두 아라비카종이며, 현재 실적은 인도 총생산량의 약 6퍼센트 수준이다.

카르나타카

인도 남단에 위치한 카르나타카는 인도 커피 생산량의 절반 정도를 책임지는 중요한 생산지다. 재배 품종의 70퍼센트가 로부스타종이다. 17세기로 거슬러 올라가 이곳 치카마갈루루의 바바부단기리 언덕에 커피나무가 처음 심어진 것이 인도 커피 재배의 기원이라고 한다.

케랄라

인도 커피의 30퍼센트 정도가 바로 이 케랄라 지역에서 생산되는데, 거의 대부분이 로부스타종이다. 주 재배지는 와야나드, 트래방코르, 팔가트이며, 그 유명한 몬순 방식으로 정제한 말라바르가 바로 이곳에서 탄생했다.

타밀 나두

타밀 나두에서는 인도 커피의 10퍼센트가량이 생산된다. 셰베로이스/세르바라우얀 구릉지대 그리고 닐기리스와 코다이카날 인근에서 집중적으로 아라비카종과 로부스타종 모두 재배한다.

지도보기

⬬ 주요 커피 산지

▦ 생산 지역

0 km   300

0 miles   300

스리랑카

신흥 스페셜티 시장으로 주목받는 곳이다. 에티오피아 야생종에 뿌리를 두기에, 꽃향기와 과일향이 어우러진 특유의 화사함이 무기가 될 수 있다.

1500년대 초에 예멘에서 오가며 무역하던 무어인이 야생 에티오피아 커피나무를 처음 가져왔다는 전설이 있다. 1700년대에는 스리랑카를 점령한 네덜란드가 자국의 묘목을 들여와 최초로 커피 재배를 시도했지만 성공하지는 못했다. 이후 신할라 족이 커피를 키우기 시작해 현지에서만 판매하면서 고유의 품종 다양성이 보존될 수 있었다.

그러다 중간에 개입한 영국이 커피를 경쟁력 있는 작물로 키우고자 지원정책을 펼치면서 스리랑카는 1860년대에 이르러 세계 3대 커피 생산국으로 우뚝 올라섰다. 하지만 1880년대로 오면서 잎곰팡이병이 순식간에 커피시장을 와해시켰고, 일부 소농이 몇몇 에티오피아 품종만 간신히 지켜냈을 뿐이다. 재래종에 주력하는 이 소농들은 오늘날 환경 친화적이고 지속가능한 농업방식을 고집한다.

현지 기술

스리랑카는 원두에 향신료를 섞어 커피를 추출하는 몇 안 되는 나라 중 하나다. 대부분의 가정에서 직접 이렇게 만들어 마시는데, 흔히 스리랑카식 커피가루라고 부른다.

캔디 지역

1820년대에 영국인들이 캔디 근처의 간노루와와 싱하피티야 구릉지대에 그들 스타일의 커피농장을 세웠다.

스리랑카 커피의 주요 특징

세계시장 점유율: 0.02%

수확기: 10월~이듬해 3월

정제 방법: 내추럴, 워시드

주 재배종: 로부스타종; 아라비카종

생산량: 세계 랭킹 46위

누와라엘리야

이 지역에서 자라는 커피나무 중에는 나이가 150살이나 된 것도 있다. 가치를 따질 수 없는 생물학적 자원이 보존된 이곳에서 현재는 소규모지만 전 세계적 요구에 힘입어 스페셜티 커피 시장이 급성장 중이고, 그 미래가 매우 밝다.

지도보기

⬛ 주요 커피 산지

◻ 생산 지역

네팔

네팔 커피는 달콤하면서 감칠맛 돌고 코끝에서는 삼나무, 건과일, 감귤류의 향이 느껴지는 것이 특징이다. 무엇보다, 점점 늘고 있는 안목 높은 소비자들에게 히말라야의 정취를 선사한다.

1938년에 히라 기리라는 승려가 네팔에 처음으로 커피를 들여왔다고 전해진다. 초창기에는 농부들이 수확한 커피를 집에서 마시거나 동네 시장에 내다 파는 정도였다. 농가지원계획이 있었지만 잎곰팡이병이 전국을 휩쓸면서 거의 무산되었고 대부분의 농가가 콩 재배로 돌아

서버렸다. 그러다 1970년대 후반에 인도의 커피 종자가 새롭게 공급되면서 곳곳에 소규모 커피농장이 다시 생겨났다. 판매 가능한 수준의 생산량이 나온 건 1990년대부터이며 이후 10년에 걸쳐 꾸준히 발전했다.

오늘날에는 42개 지구에서 커피나무를 기르며, 커피를 주수입원으로 하는 농가는 3만 2,500가구쯤 된다. 정부가 재배면적을 대대적으로 확장한다는 계획을 발표하면서 스페셜티 커피 세계지도에서 네팔의 존재감을 다시 한번 드러냈다.

굴미

1938년에 미얀마의 커피씨앗을 굴미 땅에 심은 것이 시초였다. 이후 재배지가 비즈, 팔파, 상자, 카스키, 바그룽 등지로 퍼져나갔다.

네팔 커피의 주요 특징

세계시장 점유율: 0.01% 미만

수확기: 12월~이듬해 1월

정제 방법: 워시드

주 재배종: 아라비카종 부르봉, 티피카, 파카마라, 카투라

생산량: 세계 랭킹 58위

히말라야

히말라야에서 나는 커피라니. 네팔 현지인은 물론이고 관광객과 외지인의 상상력을 자극하고도 남는다. 이곳 전체 수확량의 30~50%가 꾸준하게 내수소비된다.

지도보기

⬛ 주요 커피 산지

▦ 생산 지역

0 km 100
0 miles 100

수마트라

수마트라는 인도네시아에서 가장 큰 섬이다. 이곳에서 재배되는 커피는 묵직한 나무 느낌이 나고 산미가 약하며 땅, 삼나무, 향신료, 발효된 과일, 코코아, 허브, 가죽, 담배 등 다양한 향미가 특징이다.

인도네시아에서 생산되는 커피는 소박한 향미의 로부스타종이 대부분을 차지하며 아라비카종의 비중은 낮은 편이다. 1888년경, 수마트라에 처음 커피농장이 생긴 이래로 인도네시아는 국내 총 생산량의 75퍼센트가 로부스타종일 정도로 로부스타종 최대 공급 국가가 되었다.

수마트라 섬에서 나는 아라비카종 중에서 가장 많은 것은 역시 티피카다. 이와 더불어 부르봉, S-라인 하이브리드, 카투라, 카티모르, 히브리도 데 티모르(일명 팀팀), 그리고 에티오피아 계열의 람붕과 아비시니아도 이곳에서 소량 재배된다. 보통은 여러 가지 품종의 나무를 함께 심어 키우기 때문에, 자연교배가 활발히 일어난다.

물이 부족해지기 쉬운 까닭에 길링바사(Giling Basah)라는 수마트라 특유의 전통 방식으로 커피체리를 정제하는데(우측 '현지 기술' 참조), 이 과정을 거친 생두는 청녹색을 띤다. 도중에 생두가 망가지거나 얼룩이 생길 수 있다는 것이 이 정제 방식의 단점이다.

커피의 품질이 고르지 않은 편이고 국내 물류 수송 시스템의 한계 때문에 최고급 원두의 수급이 불안정하다. 이는 앞으로 수마트라가 해결해야 할 과제다.

현지 기술

길링바사 방식은 커피체리의 과육을 제거한 뒤에(20페이지 참조) 하루 정도 말린 다음 파치먼트를 탈각하는 정제 방식이다. 이 과정을 거친 생두는 수분 함량이 높다.

빨갛게 익은 로부스타 커피체리
수마트라의 로부스타종은 주로 중남부에서 집중적으로 재배된다.

수마트라 커피의 주요 특징

세계시장 점유율: 7.2% (인도네시아 전체)

수확기: 10월~이듬해 3월

정제 방법: 길링바사, 워시드

주 재배종: 75% 로부스타종; 25% 아라비카종 티피카, 카투라, 부르봉, S-라인 하이브리드, 카티모르, 팀팀

생산량: 세계 랭킹 4위 (인도네시아 전체)

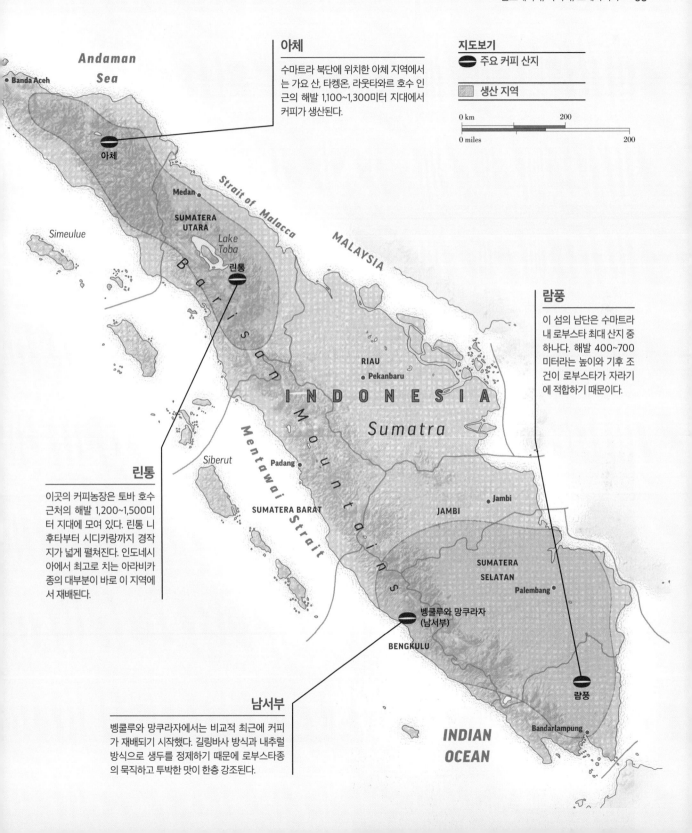

Andaman Sea

• Banda Aceh

아체

수마트라 북단에 위치한 아체 지역에서는 가요 산, 타켄온, 라웃타와르 호수 인근의 해발 1,100~1,300미터 지대에서 커피가 생산된다.

아체

Simeulue

Medan •

SUMATERA UTARA

Lake Toba

린통

Bar i s a n

Strait of Malacca

MALAYSIA

지도보기

⬤ 주요 커피 산지

▨ 생산 지역

0 km ————— 200
0 miles ————— 200

RIAU

• Pekanbaru

I N D O N E S I A

Sumatra

M o u n t a i n s

람풍

이 섬의 남단은 수마트라 내 로부스타 최대 산지 중 하나다. 해발 400~700미터라는 높이와 기후 조건이 로부스타가 자라기에 적합하기 때문이다.

Siberut

Padang •

SUMATERA BARAT

Mentawai Strait

린통

이곳의 커피농장은 토바 호수 근처의 해발 1,200~1,500미터 지대에 모여 있다. 린통 니후타부터 시디카랑까지 경작지가 넓게 펼쳐진다. 인도네시아에서 최고로 치는 아라비카 종의 대부분이 바로 이 지역에서 재배된다.

• Jambi

JAMBI

SUMATERA SELATAN

Palembang •

벵쿨루와 망쿠라자 (남서부)

BENGKULU

람풍

남서부

벵쿨루와 망쿠라자에서는 비교적 최근에 커피가 재배되기 시작했다. 길링바사 방식과 내추럴 방식으로 생두를 정제하기 때문에 로부스타종의 묵직하고 투박한 맛이 한층 강조된다.

INDIAN OCEAN

Bandarlampung •

술라웨시

인도네시아 전역을 통틀어 아라비카종 나무가 가장 많은 곳이 바로 술라웨시다. 이곳의 커피는 정제하고 나면 포도, 베리류, 견과류, 향신료 풍미가 난다. 감칠맛이 나고 산미가 약하면서 두터운 질감이 느껴지는 것이 특징이다.

술라웨시의 연간 커피 생산량은 아라비카종 7,000톤 정도(정확히는 7,715톤)로 인도네시아 전체 생산량의 2퍼센트에 불과하다. 로부스타종도 소량 재배되지만 대부분 내수에 그치고 수출되지 않는다.

술라웨시에서는 철이 풍부한 고지대의 토양에서 오래된 티피카, S 795, 젬버를 주로 재배한다. 생산자는 대부분이 소농이고 대형 농장이 커피 생산에 기여하는 비중은 5퍼센트가량에 불과하다. 술라웨시에서는 흔히 수마트라식(92페이지 참조)이라고도 하는 전통적인 길링바사 방식으로 커피를 정제한다. 그 결과로 생두가 인도네시아 특유의 암녹색을 띠게 된다.

그런데 최근에 일부 농가에서 중미에서 하는 것과 비슷한 정제 방식(20~21페이지 참조)을 사용하기 시작했다. 커피의 품질을 높일 수 있다는 기대에서다. 이는 술라웨시 커피의 최대 구매자이자 최대 투자자인 일본 수입업자가 품질 인증 기준에 맞게 수준을 끌어올리고자 제안한 것이 계기가 되었다.

빨갛게 익어가는 로부스타 커피체리
술라웨시의 로부스타종은 대부분 북동부 지역에서 소량 재배된다.

술라웨시 커피의 주요 특징

세계시장 점유율: 7.2% (인도네시아 전체)

수확기: 7월~9월

정제 방법: 길링바사, 워시드

주 재배종: 95% 아라비카종 티피카, S 795, 젬버; 5% 로부스타종

생산량: 세계 랭킹 4위 (인도네시아 전체)

마마사

마마사는 커피 생산지로서는 그다지 알려지지 않은 편이다. 하지만 이곳에서 나는 아라비카종의 깔끔한 매력을 알아본 스페셜티 커피 구매자들이 점점 늘고 있기 때문에, 머지않아 마마사는 커피 애호가라면 모르는 이가 없는 지명이 될 것이다.

Manado

*Celebes
Sea*

Pegunungan Paleleh

GORONTALO

Gorontalo

SULAWESI
UTARA

*Pegunungan
Ogoamas*

*Gulf of
Tomini*

*Togian
Islands*

*Molucca
Sea*

I N D O N E S I A

타나토라자

술라웨시 남부 해발 1,100~1,800미터 중앙 고지대에서 지역 최고의 커피가 생산된다. 여기서 재배되는 커피에는 이곳 원주민 부족의 이름이 붙는다.

Palu

Poso

Pegunungan Balingara

Peleng

Pegunungan Takolekaju

SULAWESI
BARAT

SULAWESI
TENGAH
*Lake
Poso*

*Banda
Sea*

*Banggai
Islands*

Sulawesi

Makassar
Strait

타나토라자

Malunda

마마사

Polewali

에네깡

Malamala

*Lake
Towuti*

*Pegunungan
Abuki*

Bone Bay

SULAWESI
TENGGARA

Kendari

Wowoni

SULAWESI
SELATAN

Makassar   고와와 신잘

Muna

Kabaena

Buton

*Tukangbesi
Islands*

에네깡

에네깡 군은 토라자 남쪽에 위치해 있고 이 지역의 수도는 칼로시다. 이 지역에서 나는 스페셜티 커피의 상당수가 유서 깊은 시장 마을의 이름을 따서 명명되었다.

고와와 신잘

칼로시 남쪽에 있는 이 지역은 커피 생산량이 적고, 이곳에서 생산되는 커피의 40퍼센트 정도는 로부스타종이다. 술라웨시의 모든 커피가 고와와 가까운 마카사르 항구를 통해 서쪽으로 수출된다.

지도보기

⬤ 주요 커피 산지

▨ 생산 지역

0 km		100
0 miles		100

자바

자바 섬에서 나는 커피는 지역색이 그다지 뚜렷하지 않지만 일반적으로 산미가 약하고
견과류나 흙냄새가 나며 묵직한 바디감이 특징이다. 몇몇 품종은 투박한 풍미를 높이기
위해 일부러 숙성시키기도 한다.

INDONESIA

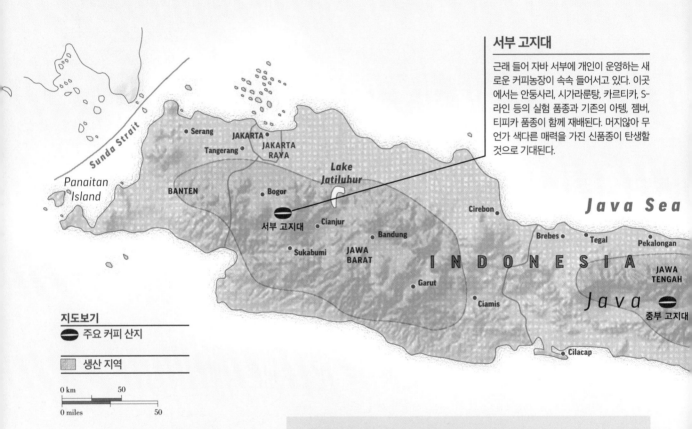

서부 고지대

근래 들어 자바 서부에 개인이 운영하는 새
로운 커피농장이 속속 들어서고 있다. 이곳
에서는 안둥사리, 시가라룬탕, 카르티카, S-
라인 등의 실험 품종과 기존의 아텡, 젬버,
티피카 품종이 함께 재배된다. 머지않아 무
언가 색다른 매력을 가진 신품종이 탄생할
것으로 기대된다.

지도보기

⬬ 주요 커피 산지

▨ 생산 지역

0 km   50

0 miles   50

현지 기술

자바에서는 주로 워시드 방식
을 사용한다. 이렇게 하면 길링
바사 방식(92페이지 참조)으로
정제했을 때와 비교해 오염두
와 결점두가 덜 생긴다.

자바 커피의 주요 특징

세계시장 점유율: 7.2% (인도네시아 전체)

수확기: 6월~10월

정제 방법: 워시드

주 재배종: 90% 로부스타종; 10% 아라비카종 안둥사리, S-라인,
카르티카, 아텡, 시가라룬탕, 젬버, 티피카

생산량: 세계 랭킹 4위 (인도네시아 전체)

인도네시아는 아프리카 밖에서 커피 농사를 크게 짓기 시작한 최초의 나라다. 자바 서부의 자카르타 인근에서 1696년에 첫 시도가 이루어졌는데, 처음 심은 묘목은 안타깝게도 홍수 때문에 살아남지 못했다. 하지만 3년 뒤에 심은 두 번째 묘목이 뿌리를 내리는 데 성공하면서 자바의 커피 산업은 해마다 발전을 거듭했다.

그러던 1876년, 잎곰팡이병이 퍼지면서 티피카가 전멸하다시피하자 대대적으로 로부스타종이 도입되었다. 그렇게 1950년대까지는 로부스타종 중심 체계가 지속되었고, 아라비카종은 전체 커피 생산량의 10퍼센트를 차지하는 정도였다.

오늘날에도 자바에서 생산되는 커피는 대부분 로부스타종이지만 아텡, 젬버, 티피카와 같은 몇 가지 아라비카종의 재배가 다시 시도되고 있다. 자바의 커피 농업은 자바 동부의 이젠 고원을 중심으로 일종의 국영기업인 플랜테이션 형태로 이루어진다. 이 국영 농장에서는 워시드 방식의 정제 과정까지 자체적으로 완료하기 때문에 생두가 인도네시아 다른 곳에서 생산되는 것보다 깨끗하다. 최근에는 자바 서부의 판갈렝간 산 인근 지역에 민영 농장들이 새롭게 들어서면서 인도네시아 커피 산업의 새 시대를 예고하고 있다.

옹기종기 모여 있는 로부스타 커피 체리
커피체리는 알맹이마다 성숙하는 속도가 다르다. 그런 까닭에 자바는 수확 기간이 꽤 길다.

가지치기한 로부스타 커피나무
자바에서는 커피나무를 쭉쭉 뻗어 올라가도록 내버려두기도 하지만 대부분은 수확하기 편하게 가지치기를 한다.

동부 고지대

최대 규모의 인도네시아 국영 플랜테이션이 블라완, 잠핏, 판코어, 카유마스, 투고사리에 위치해 있다. 지역 내의 여러 곳에서 로부스타종을 재배하는데, 칼리세로기리와 사타크가 가장 유명하다. 한편 칼리벤도와 아이어 딘진과 같은 해발이 낮은 지대에 세워진 사설 농장도 있다. 여기서는 전통적인 길링바사 방식(92페이지 참조)으로 커피 열매를 정제한다.

동티모르

아직 덜 알려져 있지만 큰 잠재력을 지닌 최상품 티모르 커피는 깔끔하고 균형적이면서 황설탕의 단맛, 첫 순간 입안을 채우는 꽃향기, 상큼한 산미가 어우러진 복합성을 자랑한다.

ASIA

섬나라 동티모르(정식 국호는 티모르레스트Timor-Leste)의 커피는 세계 무대에서 존재감을 거의 드러내지 않고 있다. 하지만 이 나라에서 커피는 석유에 이은 두 번째 최대 수출품이고 국민의 약 25%가 커피를 주 수입원 삼아 생계를 이어간다.

1800년대 초, 이곳에 커피를 처음 소개한 것은 포르투갈이었다. 오늘날에는 전국 생산량의 거의 절반을 차지할 정도로 커피 재배가 에르메라에 집중되어 있다.

뭐니 뭐니 해도 동티모르의 자랑은 고유의 자연교배종 히브리도 데 티모르다. 로부스타의 탄력성과 아라비카의 섬세함을 모두 갖춘 히브리도 데 티모르(HDT)는 세계 곳곳에서 카티모르와 사르치모르처럼 병충해에 강하고 수율 높은 개량종 연구의 발판이 되었다.

에르메라

에르메라 지역은 기름진 토양과 고지대라는 특징 덕에 동티모르에서 최고 품질 커피의 생산지로 인정 받는다. 품질이 늘 기본 이상은 하기에 레테포호 같은 시골마을이 스페셜티 커피 시장에서 유명세를 얻고 있다.

기타 지역들

그 밖의 커피 재배지로는 마누파히, 사메, 아이나루, 마우비시, 리키사 그리고 규모는 더 작지만 보보나루와 아일레우가 있다.

커피 말리기
소농들은 집 앞마당에 방수포를 깔고 그 위에서 커피열매를 말린다.

현지 교배종

아라비카와 로부스타 사이의 자연 교배종인 히브리도 데 티모르는 가장 유명한 교배종 중 하나다. 종종 팀팀이라고도 불리는 이 품종이 바로 이 섬에서 1927년에 발견되었다.

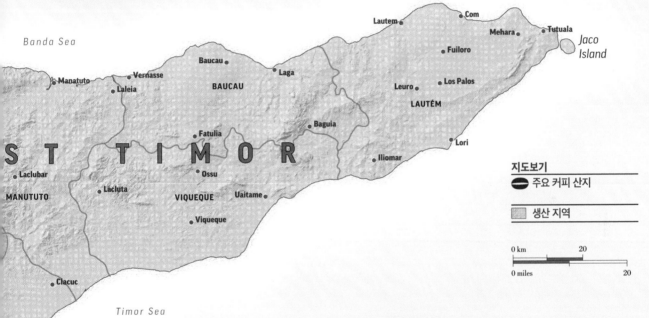

Banda Sea

Com
Lautem Mehara Tutuala
Fuiloro *Jaco Island*
Baucau Laga
Manatuto Vernasse Leuro Los Palos
Laleia BAUCAU LAUTÉM
Baguia
ST TIMOR Fatulia Lori
Laclubar Ossu Iliomar
MANUTUTO Lacluta VIQUEQUE Uaitame
Viqueque

Timor Sea

Clacuc

지도보기
⬤ 주요 커피 산지
▨ 생산 지역

0 km   20
0 miles   20

동티모르 커피의 주요 특징

세계시장 점유율: 0.06%

수확기: 5월~10월

정제 방법: 워시드, 내추럴

주 재배종: 80% 아라비카종; 20% 로부스타종 티피카, 히브리도 데 티모르, 카티모르, 사르치모르

생산량: 세계 랭킹 40위

파푸아뉴기니

파푸아뉴기니에서 생산되는 커피는 농밀한 질감과 약하거나 중간 정도인 산미, 그리고 허브, 나무, 열대과일, 담배가 뒤섞인 화려한 향미를 자랑한다.

파푸아뉴기니의 커피 농사는 대부분이 가든이나 기껏해야 플랜테이션 정도로 소규모다. 제대로 된 농장의 비중은 낮다. 대부분이 고지대에서 부르봉, 아루샤, 문도 노보를 비롯한 아라비카종을 재배하고 워시드 방식으로 가공한다. 200~300만 명이 커피에 생계를 의존하고 있다.

따라서 커피를 재배하는 모든 지역에서 주민들의 제일가는 관심사는 바로 어떻게 하면 더 많은 커피나무를 심고 더 좋은 커피를 생산할 수 있는가다.

OCEANIA

동부 고지대

해발 1,500~1,900미터 높이에 강우량이 많다는 특징적 환경 덕분에, 이 고지대에서 복잡미묘한 향미를 지닌 훌륭한 커피가 생산된다.

지도보기

⬛ 주요 커피 산지

🔲 생산 지역

0 km   150
0 miles   150

엥가와 서부 고지대

해발 1,200~1,800미터 사이의 비교적 건조한 고지대에서 산미가 약하면서 허브와 견과의 향이 나는 커피가 생산된다.

침부와 지와카

해발 1,600~1,900미터 정도로 파푸아뉴기니 내에서도 가장 높이 솟아 있는 이곳에서 생산되는 경쾌하면서 감미로운 과일향이 나는 커피를 최고로 친다.

파푸아뉴기니 커피의 주요 특징

세계시장 점유율: 0.55%

수확기: 4월~9월

정제 방법: 워시드

주 재배종: 95% 아라비카종 티피카 재래종, 부르봉, 아루샤, 블루마운틴, 문도 노보; 5% 로부스타종

생산량: 세계 랭킹 17위

호주

호주에서 나는 아라비카종은 대체로 견과류와 초콜릿의 향과 순한 산미를 지닌다. 간혹 달콤한 감귤류와 기타 과일의 느낌이 나는 품종도 있다.

200년이 넘는 아라비카종 재배 역사를 통틀어 호주의 커피산업은 위기를 여러 차례 겪었다. 그러던 중 40년 전 수확 기계의 도입에 힘입어 커피산업을 부활시키고자 신흥 농장들이 속속들이 생겨났고 동부 연안에 있는 노퍽 섬에 정제공장도 세워졌다.

　현재 호주에서는 유서 깊은 티피카와 부르봉은 물론이고 신품종인 K7, 카투아이, 문도 노보 등도 생산된다.

호주 커피의 주요 특징

세계시장 점유율: 0.01% 미만

수확기: 6월~10월

정제 방법: 워시드, 펄프드, 내추럴

주 재배종: 아라비카종 K7, 카투아이, 문도 노보,
　　　　　티피카, 부르봉

생산량: 세계 랭킹 56위

애서튼 고원

퀸즐랜드에서 북쪽 끝자락에 있는 이 지역이 국내 생산량의 절반 정도를 책임지고 있다. 호주의 대규모 농장들이 이곳에 집중되어 있는 덕분이다. 이곳의 커피에서는 단맛이 나고 초콜릿과 견과류의 향미가 느껴진다.

퀸즐랜드 중부와 남서부

애서튼 고원에 비해 재배 면적이 작다. 대형 농장과 몇몇 소농이 뒤섞여 있다는 것도 이 지역만의 특징이다. 이곳의 커피는 순하고 달콤하며 산미는 약한 편이다.

뉴사우스웨일스 북부

비교적 서늘한 고지대이기 때문에 커피체리가 더 천천히 익는다. 그러는 동안 향은 더 깊어지고 카페인 함량은 낮아진다.

지도보기

⬬ 주요 커피 산지

▦ 생산 지역

0 km　　　　600
0 miles　　　600

미얀마

스페셜티 커피 시장의 라이징스타인 미얀마(버마)는 은근한 흙내음과 진한 천연 베리향이 느껴지면서 적당히 시고 부드러운 커피를 앞세워 세계적으로 빠르게 입지를 넓히는 중이다.

ASIA

미얀마에서 농작물로서 커피의 역사는 1885년에 영국에서 온 식민지 개척자들과 선교사들이 따닌 타리 최남단에 로부스타종 커피나무를 처음 심으면서 시작되었다. 이후 재배지가 몬, 카인, 바고, 라킨을 거쳐 북쪽으로 빠르게 확산되었고 샨과 만달레이에서는 1930년부터 아라비카종 커피나무도 기르기 시작했다.

원래도 경작 규모가 크지는 않았으나, 1948년에 영국의 식민통치가 끝나면서 미얀마의 커피농업은 추진력을 잃는다. 그로부터 이어진 수십 년

의 침체기 동안 커피나무들을 마냥 버려둔 농장주가 한둘이 아니었다. 그나마 재배된 생두는 대부분 태국, 라오스, 중국 등 이웃나라가 사 갔다.

그러다 2011년의 정치개혁 이후, 정부가 커피의 잠재력을 알아보았고, 세계 곳곳의 구매자들이 미얀마 커피에 관심을 보이면서 상황이 달라졌다. 현재는 미얀마를 고품질 아라비카종의 글로벌 대표 공급국으로 자리매김하는 것을 목표로 여러 조직체가 생겨나 지원정책이 활발히 펼쳐지고 있다.

자생림
자생림의 키 큰 나무들이 드리우는 그늘 아래에서 커피나무가 자란다.

미얀마 커피의 주요 특징

세계시장 점유율: 0.09%

수확기: 12월~이듬해 3월

정제 방법: 워시드, 내추럴

주 재배종: 80% 아라비카종; 20% 로부스타종
　　　　　 S-795, 카투라, 카투아이, 카티모르,
　　　　　 블루마운틴

생산량: 세계 랭킹 35위

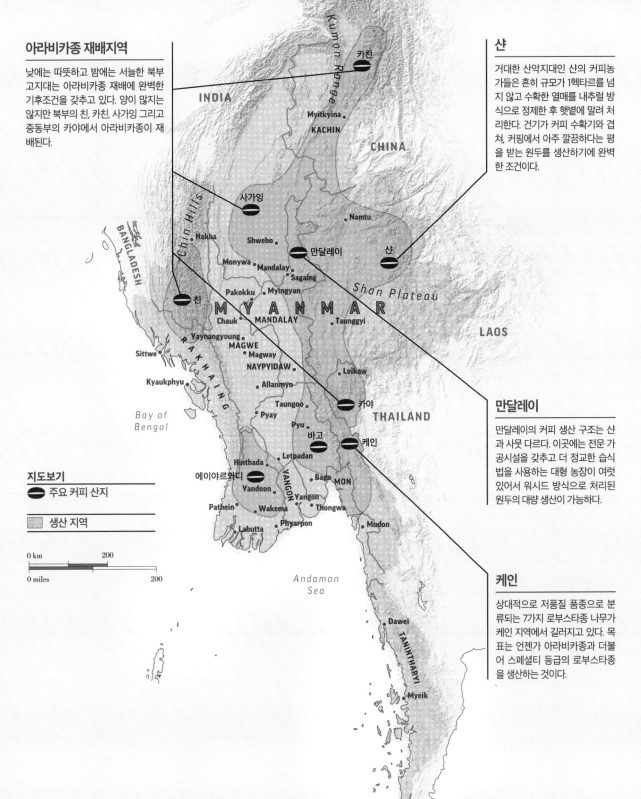

아라비카종 재배지역

낮에는 따뜻하고 밤에는 서늘한 북부 고지대는 아라비카종 재배에 완벽한 기후조건을 갖추고 있다. 양이 많지는 않지만 북부의 친, 카친, 사가잉 그리고 중동부의 카야에서 아라비카종이 재배된다.

샨

거대한 산악지대인 샨의 커피농가들은 흔히 규모가 1헥타르를 넘지 않고 수확한 열매를 내추럴 방식으로 정제한 후 햇볕에 말려 처리한다. 건기가 커피 수확기와 겹쳐, 커핑에서 아주 깔끔하다는 평을 받는 원두를 생산하기에 완벽한 조건이다.

만달레이

만달레이의 커피 생산 구조는 샨과 사뭇 다르다. 이곳에는 전문 가공시설을 갖추고 더 정교한 습식법을 사용하는 대형 농장이 여럿 있어서 워시드 방식으로 처리된 원두의 대량 생산이 가능하다.

케인

상대적으로 저품질 품종으로 분류되는 7가지 로부스타종 나무가 케인 지역에서 길러지고 있다. 목표는 언젠가 아라비카종과 더불어 스페셜티 등급의 로부스타종을 생산하는 것이다.

지도보기

- 주요 커피 산지
- 생산 지역

0 km ———— 200
0 miles ———— 200

태국

태국에서는 로부스타종이 아라비카종에 비해 우위를 점하고 있다. 그래도 최상급 아라비카종은 부드러운 질감과 약한 산미, 경쾌한 꽃내음을 지녀 높은 평가를 받는다.

태국에서 생산되는 커피는 대부분이 로부스타종이다. 수확물 중 거의 전량이 내추럴 방식의 정제 단계를 거쳐 인스턴트 커피로 가공된다. 1970년대에는 고급 아라비카종 생산국으로 성장할 것이라는 기대를 걸고 국가 차원에서 카투라, 카투아이, 카티모르 등의 아라비카종을 심도록 장려하기도 했다. 하지만 체계적인 지원이 이어지지 않은 데다가 농민 입장에서도 작물을 바꾼다고 해서 나아지는 것이 없었기에 정책이 흐지부지되었다. 다행히 최근에 태국 커피에 대한 관심과 투자가 살아나기 시작했으니 곧 태국산 고급 커피를 맛볼 날이 올 것이라 기대해본다.

북부

이곳의 해발 800~1,500미터 지역에서 아라비카종이 소량 재배된다. 이렇게 수확한 아라비카종은 로부스타종보다 훨씬 비싼 값에 팔기 위해 워시드 방식으로 정제한다.

남부

남부에서는 로부스타종이 잘 자라기 때문에, 이곳의 커피 생산량이 전국 생산량의 대부분을 차지한다.

MYANMAR
(BURMA)

ASIA

치앙라이

매홍손

Chiang Mai
치앙마이

람빵

Udon Thani

Tane Range

탁

Phitsanulok

Nakhon Sawan

THAILAND

Bilauktaung Range

BANGKOK

Isthmus of Kra

춤폰

라농

수라타니

Nakhon Si
Thammarat

팡응아

크라비

나콘시탐마랏

Songkhla

지도보기

⬛ 주요 커피 산지

🔲 생산 지역

0 km		150
0 miles		150

태국 커피의 주요 특징

세계시장 점유율: 0.41%

수확기: 10월~이듬해 3월

정제 방법: 내추럴, 일부 워시드

주 재배종: 98% 로부스타종; 2% 아라비카종
카투라, 카투아이, 카티모르, 게이샤

생산량: 세계 랭킹 19위

베트남

부담 없이 달콤하면서 고소한 베트남 커피는
스페셜티 시장에서 인기 만점이다.

베트남에서는 1857년부터 커피를 기르기
시작했다. 그러던 1900년대 초에 정치개
혁을 계기로 농민들이 커피를 주 소득원
으로 삼으면서 생산량이 급증했다. 그렇
게 해서 베트남은 불과 10년 만에 세계 2
위의 커피 생산국이 되었다. 문제는 질이
떨어지는 로부스타종이 시장에 넘쳐나는
바람에 베트남 커피는 값싼 비지떡이라
는 인식이 굳어졌다는 것이다. 오늘날에
는 정부가 나서서 수요와 공급을 조절하
고 있다. 로부스타종이 여전히 주 재배종
이지만, 아라비카종도 소량 생산된다.

중부연안 북쪽

산맥이 몬순 계절풍을 막아주
는 투아티엔후에, 꽝찌, 하띤,
응에안, 타인호아에 넓은 면
적의 아라비카종 커피농장이
조성되어 있다.

중부연안 남쪽

꽝남, 꽝응아이, 빈딘, 푸
옌, 카인호아에서는 개화
기와 수확기를 편리한 시
기로 맞추기 위해 건기가
되면 커피나무에 따로 물
을 준다.

중서부 고지대

닥락, 잘라이, 꼰뚬, 럼동 주변 지역의 해
발 500~700미터 지대에서 커피를 기른
다. 이 지역은 낮에는 덥고 밤에는 서늘
하며 우기와 건기가 뚜렷하다.

남동부

동나이 인근 바리어붕따우
와 빈프억은 비옥한 적토와
덥고 습한 기후라는 천혜의
조건 덕에 로부스타종이 잘
자란다. 수확은 건기에 몰아
서 한다.

지도보기

⬤ 주요 커피 산지

▨ 생산 지역

0 km   150
0 miles   150

베트남 커피의 주요 특징

세계시장 점유율: 17.7%

수확기: 10월~이듬해 4월

정제 방법: 내추럴, 일부 워시드

주 재배종: 95% 로부스타종; 5% 아라비카종
카티모르, 차리(엑셀사종)

생산량: 세계 랭킹 2위

라오스

라오스 커피는 보통 내추럴 방식으로 가공하므로 향미와 단맛이 잘 살고 묵직한 바디감, 진한 과일향, 와인의 풍미가 남는다.

세계 2위 커피 생산국 베트남과 국경을 접한 라오스는 한동안 이웃나라의 명성에 가려져 있었지만, 최근 들어 새롭게 주목받는 추세다.

1920년대 식민지 시절에 프랑스가 처음 커피를 라오스에 들여왔다. 당시 프랑스인이 아라비카종을 재배하기에 최적의 자연조건을 갖추었다고 최종 낙점한 곳은 남쪽에 있는 참파삭의 볼라벤 고원이었다. 그러나 병충해, 혹독한 겨울 냉해, 전쟁으로 인한 황폐화 등으로 수십 년을 시달린 끝에 기존 식재종 대부분은 뽑혀 나가고 그 자리를 더 탄성 좋은 로부스타종이 대체하게 되었다.

볼라벤 고원은 라오스 커피 생산의 중심이 되는 곳으로 총 생산량의 95%가 생산된다. 정부는 생산력을 더 확충할 계획을 갖고 있으며 양보다는 품질 향상에 고심하고 있다.

북부지방

북부의 서늘한 산악지대에서는 오래 전 프랑스인이 가져온 아라비카종을 지금도 소농들이 재배한다. 후아판, 루앙프라방, 씨앙쿠앙 같은 곳에서는 더 건강하고 수율 높은 어린 묘목으로 아라비카종을 더욱 많이 심도록 정부와 민간 양쪽의 전폭적 지원이 이루어지고 있다.

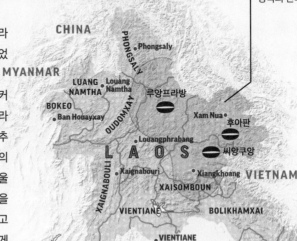

라오스 커피의 주요 특징

세계시장 점유율: 0.34%

수확기: 11월~이듬해 4월

정제 방법: 내추럴, 워시드

주 재배종: 80% 로부스타종; 20% 아라비카종
티피카, 부르봉, 카티모르

생산량: 세계 랭킹 23위

볼라벤 고원

과거 프랑스 사람들은 라오스의 비옥한 화산토와 고산기후가 티피카나 부르봉 같은 고급 품종 재배에 안성맞춤이라고 생각했다. 그렇게 선택된 곳이 바로 볼라벤 고원이다.

지도보기

⬭ 주요 커피 산지

▦ 생산 지역

필리핀

필리핀 커피는 달콤한 코코아와 건과일의 향미를 가진 밸런스 좋은 아라비카종 그리고 맥아와 나무 느낌과 함께 농밀한 질감의 묵직한 로부스타종으로 나뉜다.

커피는 1740년대에 스페인 사람들과 함께 필리핀에 들어왔다. 한때 세계 4위에 오를 정도로 필리핀은 아시아의 커피 강국이었다. 그러나 1880년대 후반 잎곰팡이병이 휩쓸고 지나간 뒤로 커피농장 대부분이 문을 닫았고 이후 복구작업은 1960년대까지도 지지부진하기만 했다.

그러는 동안 다른 작물로 이탈하거나 커피 재배기술과 노하우를 잊은 농가가 하나둘 늘면서 필리핀 커피농업은 퇴보해갔다. 그럼에도 다른 아시아 국가들과 달리 이 나라 사람들은 처음부터 차보다는 커피를 좋아했기에 필리핀의 커피 수입량은 해마다 어마어마했다. 내수가 있으니 정부가 나서는 것은 당연했다. 정부의 지원은 곧 재배면적 증가와 가공기술 개선으로 이어졌고, 품질과 생산량이 모두 개선되기 시작했다.

비사야 서부

이곳에서는 약 2,700가구가 각각 1.4헥타르씩을 경작하는 식으로 대략 3,800헥타르의 면적에서 커피를 재배하고 있다. 수율 낮은 노목들을 대대적으로 어린 묘목으로 바꾸어 심은 덕에 최근 생산량이 크게 늘었다.

칼라바르손

스페인 사람들이 처음으로 커피나무를 심은 곳이 칼라바르손 지방의 바탕가스에 있는 도시 리파다. 지금은 커피 생산지 대부분이 남쪽과 북쪽으로 밀려났지만 일부 리베리카는 이곳에서도 여전히 발견된다.

다바오

다바오 지역에는 수많은 커피농가가 집결해 있다. 더불어, 다바오 시티는 자부심을 가지고 지역특산 커피를 선보이면서 고품질 원두에 대한 현지의 요구를 부채질하는 로컬 스페셜티 카페들의 성장세를 지켜보기에 좋은 장소이기도 하다.

지도보기

● 주요 커피 산지

▢ 생산 지역

0 km   200

0 miles   200

필리핀 커피의 주요 특징

세계시장 점유율: 0.13%

수확기: 12월~이듬해 5월

정제 방법: 내추럴, 워시드

주 재배종: 로부스타종; 아라비카종 엑셀사,
          리베리카, 티피카, 부르봉, 카티모르

생산량: 세계 랭킹 33위

ASIA

중국

중국 커피는 대체로 연하고 달콤하다. 캐러멜과 초콜릿을 넘나드는 섬세한 산미와 견과류의 향도 느낄 수 있다.

중국의 커피재배 역사는 선교사가 커피를 윈난에 처음 가져온 1887년부터 시작된다. 하지만 정부 지원을 얻어내기까지는 그로부터 100년의 세월이 더 걸렸다. 최근에는 신기술이 도입되면서 재배 여건이 꾸준히 향상되어 총 생산량이 해마다 15퍼센트씩 급증하는 추세다. 1인당 생산량은 한 해에 2~3컵 분량에 불과하지만, 계속 늘고 있기 때문에 장기적으로 지켜볼 필요가 있다. 주로 카티모르와 티피카를 비롯한 아라비카종이 생산된다.

윈난 성

푸얼, 쿤밍, 린창, 원산, 더훙에서 중국 커피의 95퍼센트가 생산된다. 대부분이 카티모르지만, 바오산에서는 부르봉과 티피카 재래종도 소량 나온다. 이곳의 커피는 대체로 산미가 약하고 견과류나 곡물이 떠오르는 맛이 난다.

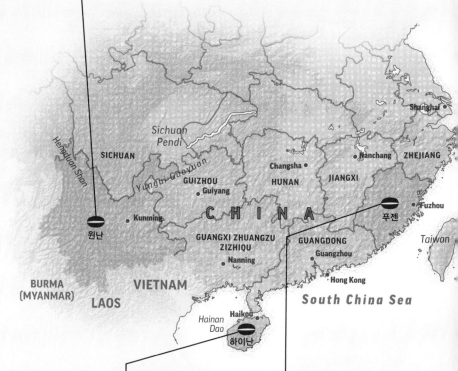

중국 커피의 주요 특징

세계시장 점유율: 1.2%

수확기: 11월~이듬해 4월

정제 방법: 워시드, 내추럴

주 재배종: 95% 아라비카종 카티모르, 부르봉, 티피카; 5% 로부스타종

생산량: 세계 랭킹 13위

하이난 섬

중국 남부 연안 끄트머리에 아슬아슬하게 떨어져 있는 하이난에서는 해마다 300~400킬로그램(⅓~½톤) 정도의 로부스타종이 생산된다. 생산량이 줄어드는 추세이지만, 이곳 사람들에게는 커피가 생활의 일부다. 이곳에서 생산되는 커피는 순하고 나무의 향미가 나며 묵직한 바디감이 느껴진다.

푸젠 성

바다 건너 대만을 바라보며 연안에 접해 있는 푸젠은 최대 차 산지이기도 하다. 하지만 이곳에서 로부스타종 커피도 재배되기 때문에 중국 커피산업에 미약하게 일조하고 있다. 로부스타종은 대체로 산미가 약하고 바디감이 묵직하다.

지도보기

 주요 커피 산지

생산 지역

0 km ⎯⎯⎯⎯ 400

0 miles ⎯⎯⎯⎯ 400

예멘

예멘에서 재배되는 일부 특별한 아라비카종에서는 향신료, 흙, 과일, 담배가 뒤얽힌 야생의 향기가 난다.

예멘의 커피재배 역사는 커피가 아프리카 외부로 널리 전파되기 훨씬 이전으로 거슬러 올라간다. 예멘의 모카라는 작은 동네가 세계 최초의 커피 무역항 역할을 했다고 한다.

아직도 커피가 야생에서 서식하는 곳이 있긴 하지만, 대부분의 농장에서는 오래된 티피카와 에티오피아 재래종을 재배한다. 품종의 이름과 지명이 혼용되는 탓에 출신 지역과 세부 품종을 분간하기가 힘들 때가 있다.

하라지

사나와 해안선 사이의 딱 중간 지점을 가로막고 서 있는 하라지 산맥에 커피농장이 집중되어 있다. 이곳에서는 옛날부터 복합적이고 과일향과 와인향이 나는 커피가 생산된다.

마타리

사나에서 호데이다 항구로 가는 정서향 길목에 있는 마타리의 고지대는 산미가 강한 커피의 산지로 유명하다.

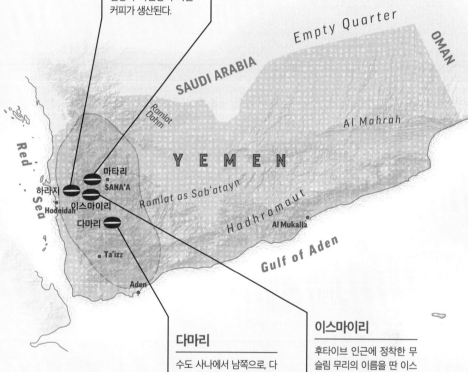

다마리

수도 사나에서 남쪽으로, 다마리 주 서부 지역에서 예멘 커피의 전통적인 특징을 간직한 커피가 생산된다. 생두가 서양의 커피보다 덜 단단하고 더 둥글다.

이스마이리

후타이브 인근에 정착한 무슬림 무리의 이름을 딴 이스마이리는 토착종의 이름이자 이곳의 지명이기도 하다. 이곳에서 재배되는 이스마이리 커피는 투박한 느낌이 강하다.

예멘 커피의 주요 특징

세계시장 점유율: 0.1%

수확기: 6월~12월

정제 방법: 내추럴

주 재배종: 아라비카종 티피카, 재래종

생산량: 세계 랭킹 34위

현지 기술

예멘에서 커피를 재배하고 가공하는 방식은 800년 전에 비해 크게 달라지지 않았다. 화학약품도 거의 사용하지 않는다. 물이 부족하기 때문에 내추럴 방식으로 정제한다. 그래서 생두의 생김새가 들쑥날쑥하다.

지도보기

⬤ 주요 커피 산지

▨ 생산 지역

세계의 커피

중남미

브라질

브라질은 세계 최대의 커피 생산국이다. 지역 간 차이를 구분하기 어렵고 전체적으로 약하게 정제한 아라비카종과 마일드한 산미와 평균적인 질감을 내는 스위트 내추럴종들이 브라질 커피답다는 평을 받는다.

SOUTH
AMERICA

1920년에 브라질은 전 세계 커피 생산의 약 80퍼센트를 책임지는 나라였다. 다른 나라에서도 커피 산업이 발달하면서 브라질의 시장점유율은 현재 35퍼센트까지 내려갔지만, 브라질은 여전히 생산량 순위에서 정상 자리를 굳건히 지키고 있다. 브라질에서는 문도 노보와 이카투를 비롯한 아라비카종을 주로 재배한다.

1975년에 서리로 인한 심각한 냉해를 입은 후에 많은 농가가 미나스제라이스로 터전을 옮겨 새롭게 농지를 일군 것을 계기로, 현재 국내 커피 생산량의 절반 이상이 이 지역에서 나온다. 이것은 브라질과 라이벌 관계에 있는 세계 2위 생산국 베트남의 총 생산량과 견줄 만한 양이다. 당연히 브라질의 생산 실적이 널을 뛸 때마다 세계 시장에도 파장을 미쳐 커피 가격이 왔다 갔다 한다.

현재 브라질 전역의 커피농가 수는 30만가량이며 농가의 규모는 경작지 면적이 0.5헥타르 정도인 소농부터 1만 헥타르가 넘는 대농까지 다양하다. 생산되는 커피의 절반 정도를 모두 국내에서 소비한다는 것도 브라질만의 특징이다.

현지 기술

브라질의 커피 농업은 상당히 기계화되어 있다. 일단 수확한 후에 열매를 선별한다는 것도 다른 나라들과 다른 점이다.

일렬 경작
나무를 평평한 농지에 줄 맞추어 심으면 기계로 수확하기 편하다. 브라질에서는 농기계 활용이 필수적이다.

브라질 커피의 주요 특징

세계시장 점유율: 35.2%

수확기: 5월~9월

정제 방법: 내추럴, 펄프드 내추럴, 세미 워시드, 풀 워시드

주 재배종: 80% 아라비카종 부르봉, 카투아이, 아카이아, 문도 노보, 이카투; 20% 로부스타종

생산량: 세계 랭킹 1위

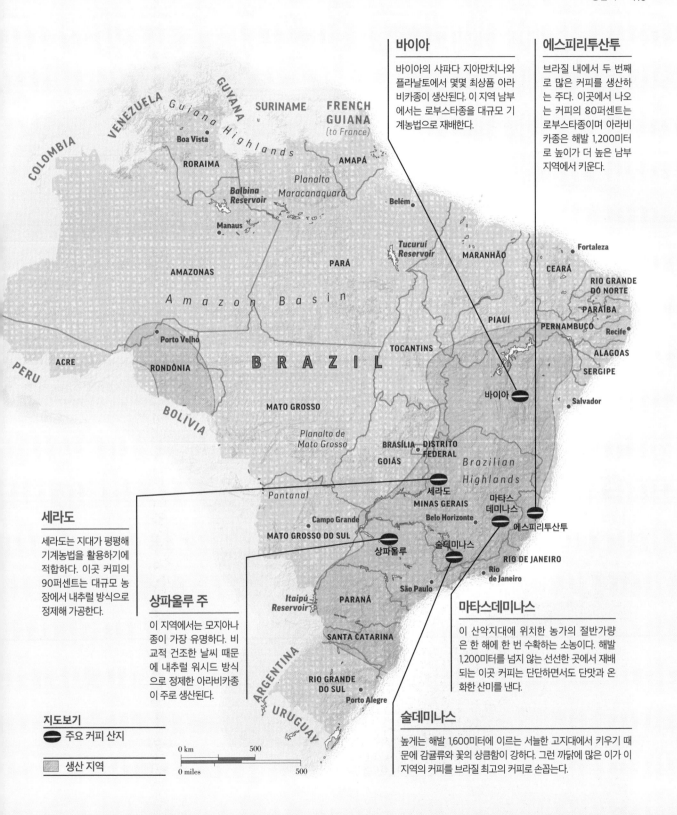

바이아

바이아의 샤파다 지아만치나와 플라날토에서 몇몇 최상품 아라비카종이 생산된다. 이 지역 남부에서는 로부스타종을 대규모 기계농법으로 재배한다.

에스피리투산투

브라질 내에서 두 번째로 많은 커피를 생산하는 주다. 이곳에서 나오는 커피의 80퍼센트는 로부스타종이며 아라비카종은 해발 1,200미터로 높이가 더 높은 남부 지역에서 키운다.

세라도

세라도는 지대가 평평해 기계농법을 활용하기에 적합하다. 이곳 커피의 90퍼센트는 대규모 농장에서 내추럴 방식으로 정제해 가공한다.

상파울루 주

이 지역에서는 모지아나종이 가장 유명하다. 비교적 건조한 날씨 때문에 내추럴 워시드 방식으로 정제한 아라비카종이 주로 생산된다.

마타스데미나스

이 산악지대에 위치한 농가의 절반가량은 한 해에 한 번 수확하는 소농이다. 해발 1,200미터를 넘지 않는 선선한 곳에서 재배되는 이곳 커피는 단단하면서도 단맛과 온화한 산미를 낸다.

술데미나스

높게는 해발 1,600미터에 이르는 서늘한 고지대에서 키우기 때문에 감귤류와 꽃의 상큼함이 강하다. 그런 까닭에 많은 이가 이 지역의 커피를 브라질 최고의 커피로 손꼽는다.

지도보기

⬤ 주요 커피 산지

▨ 생산 지역

0 km   500

0 miles   500

콜롬비아

콜롬비아 커피는 풍부한 향미와 묵직한 바디감으로 유명하다. 달콤함, 견과류, 초콜릿부터 꽃, 과일, 열대과일까지 매우 다양한 향이 절묘한 조화를 이룬다. 자세히 살펴보면 지역마다 특색이 있다.

SOUTH
AMERICA

콜롬비아 산악지대는 기후가 다채롭기 때문에 잘 키우면 독특한 향미를 내는 커피가 만들어질 수 있다. 콜롬비아에서는 티피카와 부르봉을 중심으로 아라비카종만 재배한다. 전통적으로 워시드 정제방식을 사용하며 지역에 따라 일 년에 한 번이나 두 번 수확한다. 일부는 9월부터 12월까지 대부분을 수확하고 4월이나 5월에 소량으로 한 차례 더 열매를 딴다. 그 밖의 지역에서는 3월부터 6월까지 주요 작물을, 그리고 10월부터 11월까지 다른 작물을 수확한다. 콜롬비아에서 커피 농업에

종사하는 인구는 200만 명에 육박한다. 대부분은 경작지를 1~2헥타르 정도만 보유한 소농이어서 이들이 삼삼오오 모여 상부상조한다. 최근에는 스페셜티 커피 산업이 활기를 띠면서 고품질 품종을 소량씩 사고파는 식으로 소농들이 독자적으로 활동하기가 한결 편해졌다.

콜롬비아 커피는 내수 비중이 증가하는 추세를 보이는데, 현재 전체 생산량의 20퍼센트 정도가 국내에서 소비된다.

현지 기술

대부분의 농장이 습식법을 사용하는 정제공장을 보유하고 있어 건조 공정(20~21페이지 참조)도 자체적으로 해결한다. 요즘에는 건조대에 펼쳐놓고 말리는 방식이 애용된다. 골고루 마르도록 중간 중간 솎아주기가 편하기 때문이다.

콜롬비아 커피의 주요 특징

세계시장 점유율: 8.6%

수확기: 3월~6월과 9월~12월

정제 방법: 워시드

주 재배종: 아라비카종 티피카, 부르봉, 타비, 카투라, 콜롬비아, 마라고지페, 카스틸로

생산량: 세계 랭킹 3위

문제점: 자체 건조, 재정난, 토양 침식, 기후 변화, 물 부족, 치안

커피체리를 말리는 일꾼
일반적으로는 커피체리를 콘크리트 바닥에 펼쳐 말리지만, 경사가 너무 가파른 곳에서는 지붕에 널어 말리기도 한다.

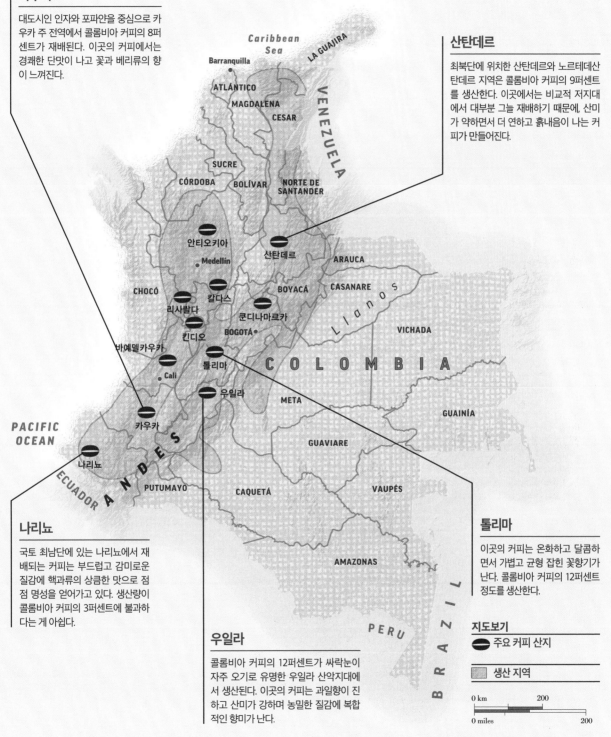

카우카

대도시인 인자와 포파얀을 중심으로 카우카 주 전역에서 콜롬비아 커피의 8퍼센트가 재배된다. 이곳의 커피에서는 경쾌한 단맛이 나고 꽃과 베리류의 향이 느껴진다.

산탄데르

최북단에 위치한 산탄데르와 노르테데산탄데르 지역은 콜롬비아 커피의 9퍼센트를 생산한다. 이곳에서는 비교적 저지대에서 대부분 그늘 재배하기 때문에, 산미가 약하면서 더 연하고 흙내음이 나는 커피가 만들어진다.

나리뇨

국토 최남단에 있는 나리뇨에서 재배되는 커피는 부드럽고 감미로운 질감에 핵과류의 상큼한 맛으로 점점 명성을 얻어가고 있다. 생산량이 콜롬비아 커피의 3퍼센트에 불과하다는 게 아쉽다.

톨리마

이곳의 커피는 온화하고 달콤하면서 가볍고 균형 잡힌 꽃향기가 난다. 콜롬비아 커피의 12퍼센트 정도를 생산한다.

우일라

콜롬비아 커피의 12퍼센트가 싸락눈이 자주 오기로 유명한 우일라 산악지대에서 생산된다. 이곳의 커피는 과일향이 진하고 산미가 강하며 농밀한 질감에 복합적인 향미가 난다.

지도보기

● 주요 커피 산지

▨ 생산 지역

0 km   200

0 miles   200

베네수엘라

한때 원두 생산량을 두고 콜롬비아와 자웅을 겨루는 사이였지만 현재는 전성기 역량의 극히 일부분만 보여주고 있다. 달콤하면서도 풍부하고 과일향과 균형 잡힌 산미가 일품인 원두를 최고로 친다.

SOUTH AMERICA

조지프 구밀라(Joseph Gumilla)라는 사제가 종자 반입을 허가를 받은 것이 모든 것의 시초였다. 이후 1732년부터 안데스 산맥을 따라 커피농장이 우후죽순 들어섰고 1900년대까지는 꾸준한 성장세를 보였다. 그러나 오랜 과밀화 때문에 수확률이 계속 떨어지는 와중에 정부는 정유업에 더 집중하기로 방침을 바꾼다.

2003년, 가격 통제와 기타 규제들이 커피농가를 옥죄면서 적잖은 농장주가 커피나무밭을 포기하게 되었다. 결국, 내수가 공급을 추월하는 역전현상이 일어났고 수출국이던 베네수엘라는 오히려 커피를 수입해야 하는 지경에 이르렀다. 곧 정유업계 상황마저 녹록치 않아지면서 관계자들은 잊혀가던 커피 수출에 다시 눈을 돌렸다. 베네수엘라뿐만 아니라 온 국민이 커피를 즐겨 마시는 나라라면 어디든 손수 나무를 키워 최고의 원두를 생산하는 커피농사를 포기하기란 쉽지 않을 것이다.

베네수엘라 커피는 대부분이 아라비카종이다. 가장 인기 있는 것은 마라카이보 라벨이 찍혀 판매되는 상품으로, 안데스 산맥과 서부에서 생산되는 원두가 여기에 속한다. 동부 연안 산악지대에서는 카라카스라 이름 붙은 커피가 재배되고 저지대의 경우 소규모로 로부스타종도 생산된다.

베네수엘라 커피의 주요 특징

세계시장 점유율: 0.38%

수확기: 10월~이듬해 1월

정제 방법: 워시드

주 재배종: 아라비카종 부르봉, 티피카, 카투라, 문도 노보

생산량: 세계 랭킹 22위

커피 펄퍼
커피 펄퍼로 외피와 과육을 제거하고 파치먼트에 싸인 상태의 종자만 남긴다.

마라카이보

마라카이보 이름표를 단 커피가 동명의 항구에서 출하된다. 이런 제품의 산지는 안데스 산맥의 트루히요, 메리다, 타치라, 두아카에서 서부지방까지다.

두아카

수십 년 전엔 두아카의 소농들이 커피붐 덕을 많이 본 게 사실이다. 하지만 급부상한 엘리트 계층과 정부 토지개혁 정책 탓에 이제는 득보다 실이 많아졌다.

카리페

모나가스 주의 카리페를 바라보는 모양으로 늘어진 동부 연안 산악지대에서는 카라카스라 명명된 원두가 생산된다. 그중에서도 최상품에는 '라바도 피노'라는 호칭이 추가되는데, 생산량이 점점 줄고 있다.

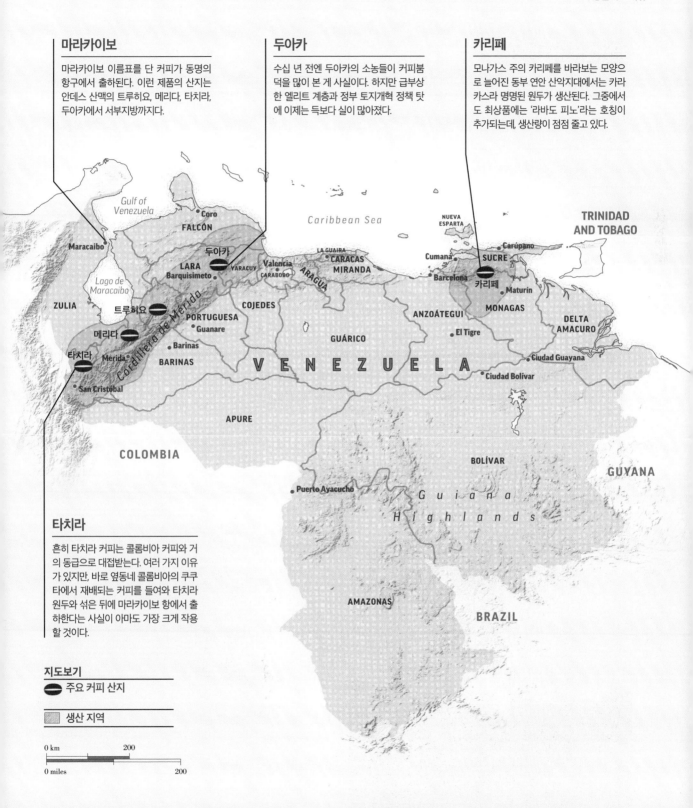

타치라

흔히 타치라 커피는 콜롬비아 커피와 거의 동급으로 대접받는다. 여러 가지 이유가 있지만, 바로 옆동네 콜롬비아의 쿠쿠타에서 재배되는 커피를 들여와 타치라 원두와 섞은 뒤에 마라카이보 항에서 출하한다는 사실이 아마도 가장 크게 작용할 것이다.

지도보기

● 주요 커피 산지

▨ 생산 지역

0 km   200
0 miles   200

볼리비아

지역마다 차이가 있지만 볼리비아의 커피는 일반적으로 균형미가 좋고 달콤하면서 꽃향기와 허브향이 나거나 크림과 초콜릿의 느낌이 난다. 볼리비아는 소농들이 놀라운 신품종을 탄생시킬 잠재력이 있는 나라다.

SOUTH
AMERICA

2만 3,000가구에 달하는 가족 단위 소농이 각각 2~9헥타르씩을 경작하며, 생산량의 40퍼센트가 국내에서 소비된다.

볼리비아가 스페셜티 구매자의 눈에 든 것은 비교적 최근의 일이다. 열악한 운송 시스템과 생두 가공 시설, 처리 기술이 부족한 탓에 커피의 품질이 해마다 널을 뛰는 탓이다. 볼리비아가 내륙국이고 물류유통 시스템이 허술하기 때문에 수출용 커피는 대부분 페루를 경유해 운송된다. 다행히 근래 들어 주요 산지를 중심으로 생산자 교육

과 가공 시설 건립에 투자를 하면서 품질이 조금씩 향상되고 있다. 이와 발맞추어 수출업자들도 세계 시장을 더 적극적으로 공략하기 시작했다.

볼리비아의 주 재배종은 아라비카종으로 티피카, 카투라, 카투아이가 대표적이다. 볼리비아 커피는 전국 대부분 지역에서 유기농법으로 재배된다. 주 생산지는 라파스 주의 융가스 북부와 남부, 프란스타마요, 카라나비, 인퀴시비, 라레카하 등이다. 수확기는 해발, 강우 패턴, 기온에 따라 지역마다 차이가 있다.

볼리비아 커피의 주요 특징

세계시장 점유율: 0.06%

수확기: 7월~11월

정제 방법: 워시드, 일부 내추럴

주 재배종: 아라비카종 티피카, 카투라, 크리올로,
　　　　　카투아이, 카티모르

생산량: 세계 랭킹 39위

문제점: 허술한 운송 시스템, 정제시설 부족, 낮은
　　　　기술 수준

커피 재배와 수확
볼리비아에서는 대다수의 농가가 화학비료를 쓸 여력이 없기
때문에 어쩔 수 없이 커피를 유기농으로 재배한다.

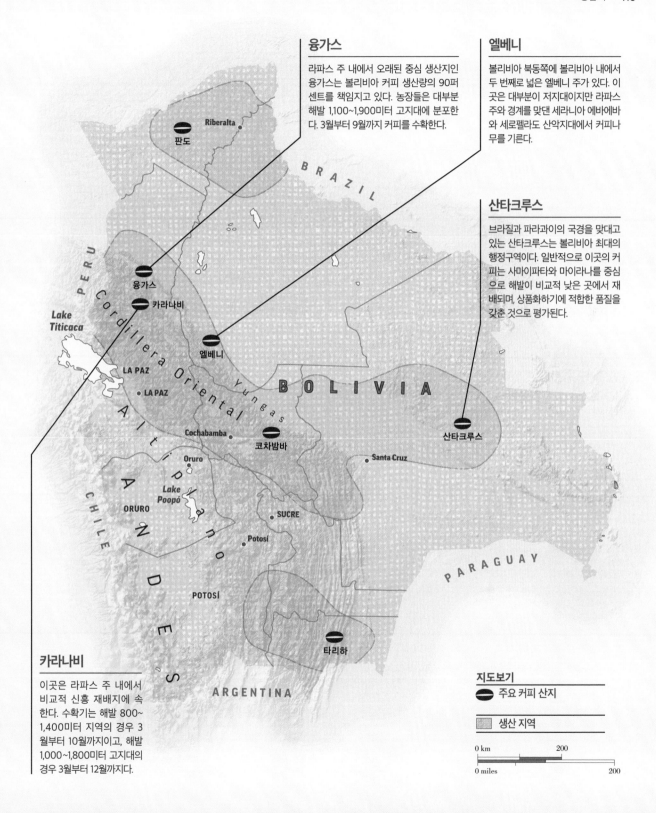

융가스

라파스 주 내에서 오래된 중심 생산지인 융가스는 볼리비아 커피 생산량의 90퍼센트를 책임지고 있다. 농장들은 대부분 해발 1,100~1,900미터 고지대에 분포한다. 3월부터 9월까지 커피를 수확한다.

엘베니

볼리비아 북동쪽에 볼리비아 내에서 두 번째로 넓은 엘베니 주가 있다. 이곳은 대부분이 저지대이지만 라파스 주와 경계를 맞댄 세라니아 에바에바와 세로펠라도 산악지대에서 커피나무를 기른다.

산타크루스

브라질과 파라과이의 국경을 맞대고 있는 산타크루스는 볼리비아 최대의 행정구역이다. 일반적으로 이곳의 커피는 사마이파타와 마이라나를 중심으로 해발이 비교적 낮은 곳에서 재배되며, 상품화하기에 적합한 품질을 갖춘 것으로 평가된다.

카라나비

이곳은 라파스 주 내에서 비교적 신흥 재배지에 속한다. 수확기는 해발 800~1,400미터 지역의 경우 3월부터 10월까지이고, 해발 1,000~1,800미터 고지대의 경우 3월부터 12월까지다.

지도보기

⬤ 주요 커피 산지

▨ 생산 지역

0 km　　　　200

0 miles　　　　200

페루

선택의 폭이 넓지는 않지만 페루산 커피 몇 종류는 흙과 허브의 향이 나면서 바디감과 균형미가 좋아 높은 점수를 받는다.

페루 커피는 품질 면에서 조금도 뒤떨어지지 않지만, 기준이 들쑥날쑥하다는 것이 가장 큰 문제점이다. 근본적인 원인은 국내 유통 시스템이 엉망이라는 것이다. 다행히 정부도 이 문제를 인식해 국민 교육과 기반시설 확충에 지속적으로 투자하고 있다. 그에 따라 아라비카종 신품종 재배지로 떠오른 북부를 중심으로 신식 도로가 하나둘씩 생기고 새로운 경작지가 조성되는 모습이다.

　페루의 주 재배종은 티피카, 부르봉, 카투라를 비롯한 아라비카종이다. 이중에 90퍼센트 정도가 12만 가구에 달하는 소농이 각각 2헥타르 정도의 농지에서 재배한 결실이다.

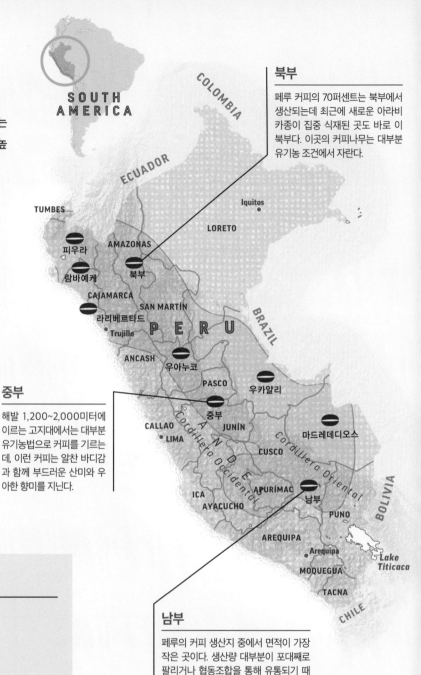

북부

페루 커피의 70퍼센트는 북부에서 생산되는데 최근에 새로운 아라비카종이 집중 식재된 곳도 바로 이 북부다. 이곳의 커피나무는 대부분 유기농 조건에서 자란다.

중부

해발 1,200~2,000미터에 이르는 고지대에서는 대부분 유기농법으로 커피를 기르는데, 이런 커피는 알찬 바디감과 함께 부드러운 산미와 우아한 향미를 지닌다.

남부

페루의 커피 생산지 중에서 면적이 가장 작은 곳이다. 생산량 대부분이 포대째로 팔리거나 협동조합을 통해 유통되기 때문에 생산이력을 추적하기 어렵다.

페루 커피의 주요 특징

세계시장 점유율: 2.4%

수확기: 5월~9월

정제 방법: 워시드

주 재배종: 아라비카종 티피카, 부르봉, 카투라,
　　　　　파체, 카티모르

생산량: 세계 랭킹 9위

지도보기

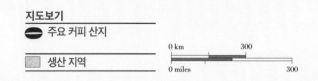

⬛ 주요 커피 산지

▨ 생산 지역

에콰도르

에콰도르는 다양한 생태계가 공존하는 자연의 보고답게 다양한 커피를 생산한다. 하지만 대부분은 전형적인 남미 커피다운 특색을 나타낸다.

남미 커피를 대표하는 특성은 가볍지도 무겁지도 않은 바디감과 적당한 산미, 사람을 기분 좋게 만드는 달콤함으로 설명할 수 있다. 이렇게 맛좋은 커피를 만들어내는 에콰도르지만, 가공시설 부족, 낮은 수율, 높은 인건비라는 현실적인 문제점이 커피산업의 발전을 가로막는다. 게다가 1985년 이래로 재배면적이 절반으로 줄어들었다.

에콰도르에서는 로부스타종이 많이 생산되고 품질이 낮은 아라비카종도 재배된다. 셰이드 농법이 사용되며 대부분의 소농이 습식법을 이용하는 정제시설을 자체적으로 갖추고 있다. 티피카와 부르봉은 물론이고 카투라, 카투아이, 파카스, 사르치모르도 재배되는 고지대에는 아직 에콰도르에서도 고급 커피가 나올 것이라는 기대를 걸어볼 만하다.

마나비

에콰도르 최대의 커피 생산지로서, 국내 아라비카종 생산량의 50퍼센트를 책임진다. 정제법은 워시드와 내추럴 모두 사용한다. 이 건조한 연안에서는 해발 300~700미터의 그리 높지 않은 지대에서 커피를 기른다.

사모라친치페

남동부에 위치한 이 지역은 해발 1,000~1,800미터 정도로 비교적 높다는 이점이 있다. 이곳에서 재배되는 아라비카종은 대부분 워시드 방식으로 정제하는데, 밝고 달콤하면서 베리류의 과일향을 풍기는 것이 특징이다.

로하와 엘오로

오래전부터 해발 500~1,800미터 지대에서 커피를 길러온 이 지역에서 에콰도르산 아라비카종의 20퍼센트가 생산된다. 건조한 기후를 이용해 생두의 90퍼센트를 내추럴 방식으로 정제한다.

지도보기

⬛ 주요 커피 산지

▨ 생산 지역

0 km ——— 100
0 miles ——— 100

에콰도르 커피의
주요 특징

세계시장 점유율: 0.4%

수확기: 5월~9월

정제 방법: 워시드, 내추럴

주 재배종: 60% 아라비카종;
40% 로부스타종

생산량: 세계 랭킹 21위

과테말라

과테말라 커피는 코코아와 토피를 연상시키는 포근한 단맛부터 허브, 감귤류, 꽃향기가 어우러져 상쾌한 산미에 이르기까지 지역에 따라 향미의 특성이 천차만별로 차이난다.

CENTRAL
AMERICA

과테말라는 산맥부터 평원까지 다채로운 자연환경과 비옥한 토양을 자랑한다. 한편으로는 강우 패턴의 지역 간 편차가 심하다는 특징이 있다. 그 덕분에 과테말라에서는 개성적인 향미를 갖춘 커피가 다양하게 생산된다.

거의 전국에서 커피를 재배하지만 과테말라 국립커피협회(Guatemalan National Coffee Association)는 커피 산지를 커피의 특성에 따라 크게 여덟 곳으로 분류한다. 하지만 각 지역 내에서도 품종과 국지적 기후에 따라 향미의 차이가 크게 벌어진다. 약 27만 헥타르의 국토가 커피 재배에 사용되며, 부르봉과 카투라를 비롯한 아라비카종 위주로 생산하고 워시드 방식으로 가공한다. 남서부 저지대 일부에서는 로부스타종이 소량 재배된다. 커피 생산자의 수는 전국적으로 10만 명에 이르고, 거의 대부분이 2~3헥타르만을 경작하는 소농이다. 자연히 이들은 커피체리를 그대로 정제공장(20~23페이지 참조)에 가져다 파는데, 요즘에는 일명 베네피시오(beneficio)라고 하는 소규모 정제공장을 자체적으로 짓는 농가가 점점 증가하고 있다.

현지 기술

아라비카종 나뭇가지를 로부스타종 뿌리에 연결하는 접붙이기 기술을 인헤르토 레이나(injerto reina)라고 한다. 이 기술을 이용하면 뛰어난 향미를 그대로 지니면서 병충해에 강한 아라비카 개량종을 만들 수 있다.

경사지 커피농장
초목이 우거진 경사지에 위치한 과테말라의 커피농장은 지대가 높은 탓에 구름이 낮게 드리우는 일이 잦다.

과테말라 커피의 주요 특징

세계시장 점유율: 2.3%

수확기: 11월~이듬해 4월

정제 방법: 워시드, 소량은 내추럴

주 재배종: 98% 아라비카종 부르봉, 카투라, 카투아이, 티피카, 마라고지페, 파체; 2% 로부스타종

생산량: 세계 랭킹 11위

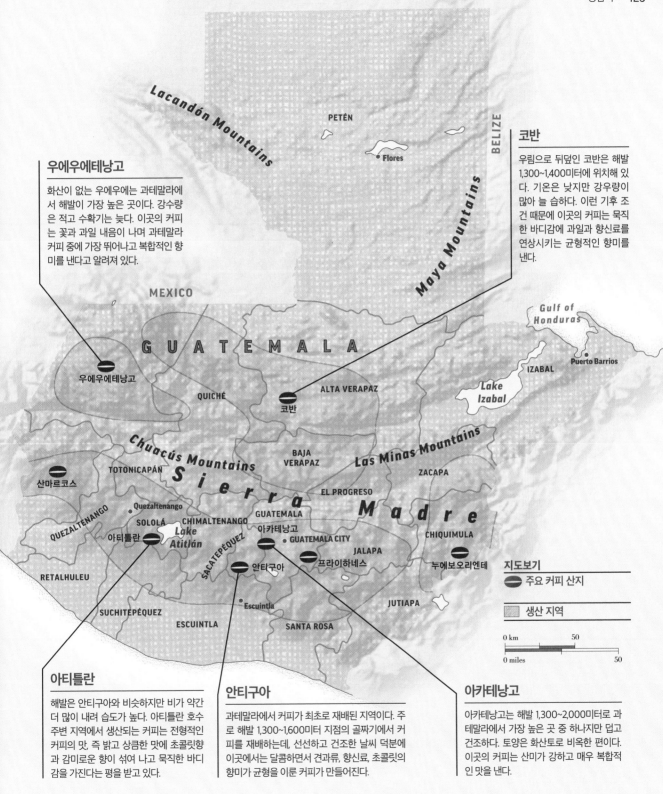

우에우에테낭고

화산이 없는 우에우에는 과테말라에서 해발이 가장 높은 곳이다. 강수량은 적고 수확기는 늦다. 이곳의 커피는 꽃과 과일 내음이 나며 과테말라 커피 중에 가장 뛰어나고 복합적인 향미를 낸다고 알려져 있다.

코반

우림으로 뒤덮인 코반은 해발 1,300~1,400미터에 위치해 있다. 기온은 낮지만 강우량이 많아 늘 습하다. 이런 기후 조건 때문에 이곳의 커피는 묵직한 바디감에 과일과 향신료를 연상시키는 균형적인 향미를 낸다.

아티틀란

해발은 안티구아와 비슷하지만 비가 약간 더 많이 내려 습도가 높다. 아티틀란 호수 주변 지역에서 생산되는 커피는 전형적인 커피의 맛, 즉 밝고 상큼한 맛에 초콜릿향과 감미로운 향이 섞여 나고 묵직한 바디감을 가진다는 평을 받고 있다.

안티구아

과테말라에서 커피가 최초로 재배된 지역이다. 주로 해발 1,300~1,600미터 지점의 골짜기에서 커피를 재배하는데, 선선하고 건조한 날씨 덕분에 이곳에서는 달콤하면서 견과류, 향신료, 초콜릿의 향미가 균형을 이룬 커피가 만들어진다.

아카테낭고

아카테낭고는 해발 1,300~2,000미터로 과테말라에서 가장 높은 곳 중 하나지만 덥고 건조하다. 토양은 화산토로 비옥한 편이다. 이곳의 커피는 산미가 강하고 매우 복합적인 맛을 낸다.

지도보기

주요 커피 산지

생산 지역

0 km   50

0 miles   50

엘살바도르

풍미가 넘쳐나기로 전 세계에서 알아주는 엘살바도르 커피는 크림 같은 부드러움과 달콤함과 함께 건과일, 감귤류, 초콜릿, 캐러멜을 연상시키는 향미를 지닌다.

아라비카종이 엘살바도르에 처음 소개된 이래로, 나라가 정치적·경제적 혼란 속에서 헤매는 동안에도 다행히 커피는 농장에서 평화롭게 자라났다. 현재 엘살바도르의 주 재배종은 총 생산량의 3분의 2를 차지하는 부르봉이며, 나머지 3분의 1은 대부분이 파카스다. 엘살바도르에서 탄생한 유명한 교배종인 파카마라도 소량 생산된다.

엘살바도르에서는 2만 가구가 커피 농업에 종사하는데, 이중에 95퍼센트는 재배 면적이 20헥타르 미만인 소농이다. 이들은 주로 해발 500~1,200미터 높이에서 커피를 재배하며 절반 정도가 아파네카-야마테펙 주에 모여 있다. 셰이드 농법을 사용하기 때문에 삼림 보전과 야생동물 서식지 보호가 잘 실천되고 있다. 만약 이 나무들이 모두 사라진다면, 엘살바도르의 원시림도 사실상 소멸되고 말 것이다.

최근에는 생산자들이 커피의 품질 향상과 스페셜티 커피 마케팅에 주력하면서, 불안정한 코모디티 시장 상황을 극복하는 무역 체계를 구축해 나가고 있다.

알로테벡-메타판

이 지역은 북서부에 외떨어져 있지만, 산타아나 주와 찰라테낭고 주 등의 유명한 행정구역이 바로 이곳에 있다. 커피농가 수는 가장 적지만 엘살바도르 최고의 커피가 생산된다.

아파네카-야마테펙

산타아나 주, 손소나테 주, 아후아차판 주를 품고 있는 이 산맥은 엘살바도르 내에서 으뜸가는 커피 생산지다. 그에 걸맞게 농장들의 규모도 대부분이 중대형이다.

엘발사모-케잘테펙

엘살바도르의 주요 생산구역 내에서 남쪽에 위치한 발사모 산맥과 산살바도르 화산에 거의 4,000 농가가 모여 커피를 재배한다. 이곳의 커피는 묵직한 바디감에 중앙아메리카 커피의 전형적인 균형감을 갖추고 있다.

Lago de Güija

알로테펙-메타판

SANTA ANA

Santa Ana

Ahuachapán

아파네카-야마테펙

AHUACHAPÁN

E L

LA LIBERTAD

Sonsonate

Nueva San Salvador

SONSONATE

엘발사모-케잘테펙

커피농장
엘살바도르에서는 흔히 커피를 바나나, 다른 종류의 과일나무, 목재생산용 나무 등과 혼작한다.

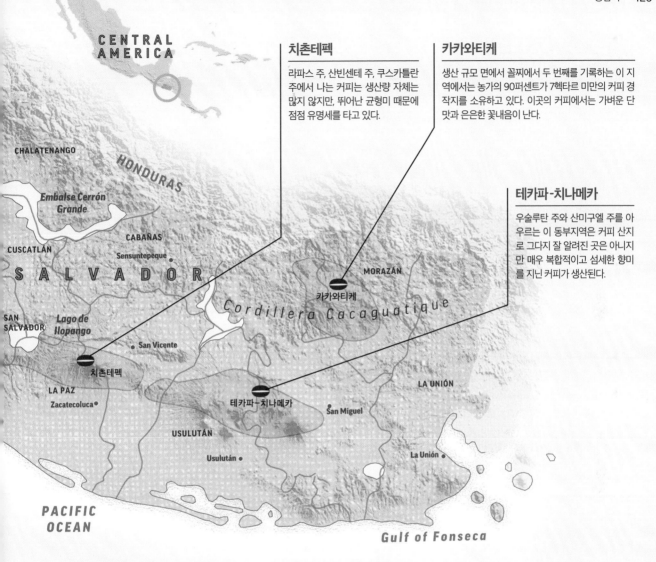

치촌테펙

라파스 주, 산빈센테 주, 쿠스카틀란 주에서 나는 커피는 생산량 자체는 많지 않지만, 뛰어난 균형미 때문에 점점 유명세를 타고 있다.

카카와티케

생산 규모 면에서 꼴찌에서 두 번째를 기록하는 이 지역에서는 농가의 90퍼센트가 7헥타르 미만의 커피 경작지를 소유하고 있다. 이곳의 커피에서는 가벼운 단맛과 은은한 꽃내음이 난다.

테카파-치나메카

우술루탄 주와 산미구엘 주를 아우르는 이 동부지역은 커피 산지로 그다지 잘 알려진 곳은 아니지만 매우 복합적이고 섬세한 향미를 지닌 커피가 생산된다.

엘살바도르 커피의 주요 특징

세계시장 점유율: 0.41%

수확기: 10월~이듬해 3월

정제 방법: 워시드, 일부 내추럴

주 재배종: 아라비카종 부르봉, 파카스, 파카마라, 카투라, 카투아이, 카티식

생산량: 세계 랭킹 20위

지도보기

⬬ 주요 커피 산지

▨ 생산 지역

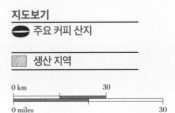

코스타리카

코스타리카 커피는 맛이 좋고 부담 없이 마실 수 있다. 여러 가지 감귤류와 꽃의 향이 가미되어 복합적인 단맛을 내면서도 온화한 산미와 차분한 질감이 느껴진다.

CENTRAL AMERICA

코스타리카는 자국 커피에 대한 자부심이 대단하다. 티피카, 카투라, 비야 사르치 등의 아라비카종을 보호하기 위해 국가 차원에서 로부스타종의 재배를 금지한 것도 그런 이유에서다. 이와 더불어 코스타리카는 생태계를 보호하고 커피 산업을 안정화시키고자 엄격한 환경보호 규정을 정해 놓고 있다.

코스타리카에서 커피 산업에 종사하는 농가는 5만 가구가 넘고 이중의 90퍼센트는 경작지가 5헥타르에 못 미치는 영세소농이다. 하지만 코스타리카의 커피 농업은 근래에 품질 향상의 혁명기를 거치면서 비약적으로 발전하고 있다. 커피 재배지 인근에 소규모 정제공장이 많이 들어선 덕분에 소농들도 생두를 자체적으로 처리하고 관리함으로써 품질을 높일 수 있게 되었다. 전 세계에서 찾아오는 구매자들과 직거래도 가능하다.

이러한 발전에 힘입어 코스타리카에서는 젊은 농부들이 불안정한 시장 상황에도 아랑곳 않고 생업에 매진할 수 있다. 하지만 이런 훈훈한 광경을 다른 나라에서는 찾아보기 힘들다.

현지 기술

코스타리카에서는 펄프드 내추럴 방식(21페이지 참조)을 '허니 프로세스(honey process)'라고 부른다. 이 방식은 과육이 파치먼트에 적게 남기도 하고 많이 남기도 해, 생두가 흰색, 노란색, 빨간색, 검은색, 금색 등 알록달록한 색깔을 띤다.

코스타리카 커피의 주요 특징

세계시장 점유율: 0.93%

수확기: 지역마다 다름

정제 방법: 워시드, 허니, 내추럴

주 재배종: 아라비카종 티피카, 카투라, 카투아이, 비야 사르치, 부르봉, 게샤, 비야로보스

생산량: 세계 랭킹 15위

센트럴 밸리

센트럴 밸리는 중미에서 커피를 처음 재배하기 시작한 지역 중 하나고 지금도 그 명성을 유지하고 있다. 대부분의 커피농장은 해발 1,000~1,400미터 지대에 위치해 있고 11월부터 이듬해 3월까지 수확한다.

트레스리오스

타라주와 센트럴 밸리 사이의 산호세 동부에 위치한 트레스리오스에서는 해발 1,200~1,650미터 지대에서 고전적이고 균형미가 뛰어난 커피를 재배한다. 수확기는 8월부터 이듬해 2월까지다.

웨스트 밸리

센트럴 산맥의 경사지는 커피를 재배하기에 최적의 장소다. 커피 재배지 중에서 고도가 높은 곳은 해발 2,000미터에도 이른다. 다른 곳에 비해 부유한 지역이기 때문에 농장 지대의 75퍼센트가 삼림보호지로 지정되어 있다. 11월부터 이듬해 4월까지 수확이 이루어진다.

타라주

코스타리카 내에서 커피 산지로 이름이 가장 알려진 타라주에서는 해발 1,200~1,900미터 지역에서 카투라와 카투아이를 음지법으로 재배한다. 타라주 내에서도 지역마다 커피의 향미 특색이 조금씩 다르다. 수확기는 11월부터 이듬해 3월까지다.

브룬카

최남단에 위치한 브룬카에서 커피 재배가 시작된 것은 1950년대에 불과하다. 주 재배 지역은 비교적 서늘하고 습한 코토브루스와 고도가 최대 해발 1,700미터로 조금 더 높은 페레즈 젤레돈, 이렇게 두 곳이다. 9월부터 이듬해 2월까지 수확한다.

지도보기

⬤ 주요 커피 산지

▨ 생산 지역

0 km   50

0 miles   50

니카라과

니카라과에서는 달콤한 초콜릿사탕과 밀크초콜릿 맛이 나는 것부터 섬세한 산미와 함께 꽃·허브·꿀 향과 감칠맛이 나는 것에 이르기까지 다양한 최상급 커피가 나온다. 지역마다 향미가 조금씩 다른 것도 특징이다.

땅덩어리는 크면서 인구밀도는 낮은 이 나라에서 뛰어난 커피가 생산된다는 것은 어찌 보면 당연한 일이다. 하지만 무시무시한 허리케인과 불안한 정치경제적 상황 탓에 이 나라의 커피산업은 좀처럼 제자리걸음을 면치 못하고 있다. 그럼에도 커피가 국가적인 주력 수출품이라는 사실은 변함없기 때문에 생산자들은 스페셜티 시장에서 입지를 굳히고 제반시설을 확장하는 동시에 농업기술을 개선하는 데 열심이다.

니카라과에는 농장주 약 4만 명이 커피를 재배한다. 이중에서 80퍼센트는 면적이 3헥타르에 못 미치는 영세농이다. 농장들은 해발 800~1,900미터 지역에 위치해 있다. 이곳에서 재배되는 커피는 대부분이 부르봉과 파카마라를 비롯한 아라비카종이다. 보통은 화학비료를 살 돈이 없어 유기농으로 재배한다. 니카라과에서는 소농들이 커피체리를 수확하는 대로 큰 생두 정제 공장에 가져다 팔기 때문에 농장주가 누구인지 일일이 확인하는 것은 쉽지 않다. 그렇지만 근래에 생산자와 스페셜티 커피 구매자 간의 직거래 통로가 새로 만들어졌다.

니카라과 커피의 주요 특징

세계시장 점유율: 1.45%

수확기: 10월~이듬해 3월

정제 방법: 워시드, 일부는 내추럴, 펄프드 내추럴

주 재배종: 아라비카종 카투라, 부르봉, 파카마라,
          마라고지페, 마라카투라, 카투아이, 카티모르

생산량: 세계 랭킹 12위

점차 좋아지는 작황
요즘에는 커피나무에 더 많은 열매가 맺히도록 비료를 쓰고 가지치기를 한다.

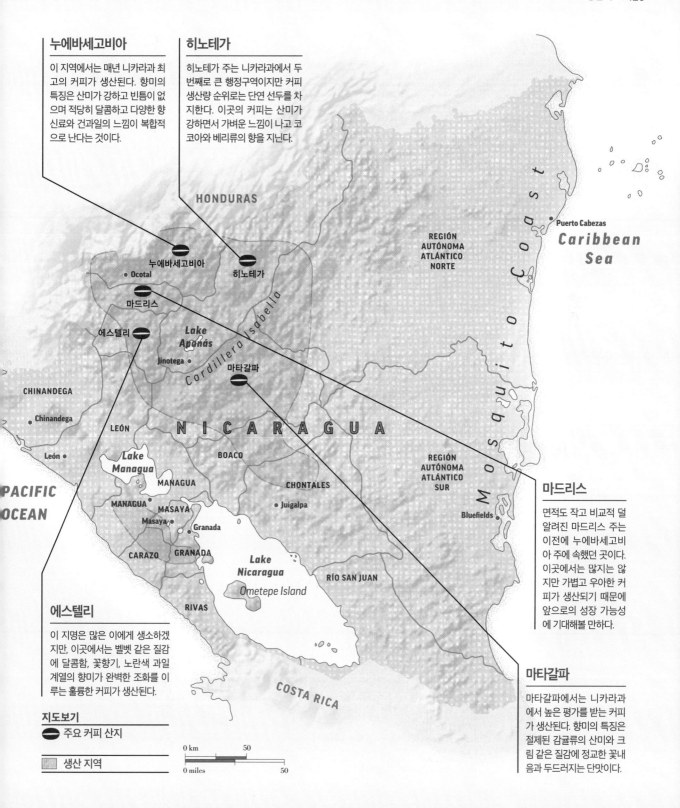

누에바세고비아

이 지역에서는 매년 니카라과 최고의 커피가 생산된다. 향미의 특징은 산미가 강하고 빈틈이 없으며 적당히 달콤하고 다양한 향신료와 건과일의 느낌이 복합적으로 난다는 것이다.

히노테가

히노테가 주는 니카라과에서 두 번째로 큰 행정구역이지만 커피 생산량 순위로는 단연 선두를 차지한다. 이곳의 커피는 산미가 강하면서 가벼운 느낌이 나고 코코아와 베리류의 향을 지닌다.

에스텔리

이 지명은 많은 이에게 생소하겠지만, 이곳에서는 벨벳 같은 질감에 달콤함, 꽃향기, 노란색 과일 계열의 향미가 완벽한 조화를 이루는 훌륭한 커피가 생산된다.

지도보기

⬤ 주요 커피 산지

▨ 생산 지역

0 km   50

0 miles   50

마드리스

면적도 작고 비교적 덜 알려진 마드리스 주는 이전에 누에바세고비아 주에 속했던 곳이다. 이곳에서는 많지는 않지만 가볍고 우아한 커피가 생산되기 때문에 앞으로의 성장 가능성에 기대해볼 만하다.

마타갈파

마타갈파에서는 니카라과에서 높은 평가를 받는 커피가 생산된다. 향미의 특징은 절제된 감귤류의 산미와 크림 같은 질감에 정교한 꽃내음과 두드러지는 단맛이다.

온두라스

생산지가 같은 커피라도 향미의 특성이 상반되기도 하는데, 남미 국가들 중 이 대비가 가장 큰 나라가 바로 온두라스다. 똑같은 온두라스산이지만 어떤 커피는 약한 산미에 견과류와 토피를 연상시키는 깔끔한 맛이 나는 반면, 어떤 커피는 케냐 커피처럼 몹시 시큼하다.

온두라스는 깔끔하면서도 복합적인 고급 커피를 생산할 자연조건을 충분히 갖추고 있다. 하지만 안타깝게도 기반시설이 형편없고 쓸 만한 건조장이 부족한 탓에 커피산업을 키우지 못하고 있는 실정이다.

온두라스에서는 전국 커피 생산량의 절반가량이 단 3개 주에서 집중적으로 출하된다. 대부분은 소농이 셰이드 농법으로 기르는 형태다. 형편상 어쩔 수 없이 유기농법을 쓰는 경우가 흔하다. 온두라스의 국립커피연구소가 자국의 스페셜티 커피 분야를 육성할 목적으로 관계자 교육에 투자한다는 점이 그나마 희망적이다.

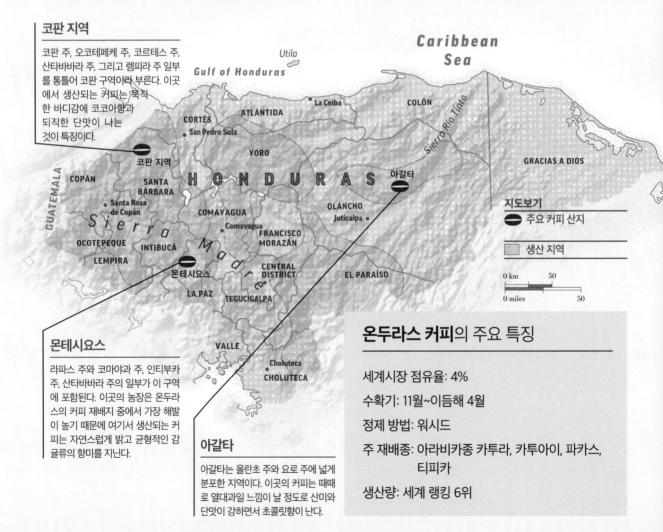

CENTRAL AMERICA

코판 지역

코판 주, 오코테페케 주, 코르테스 주, 산타바바라 주, 그리고 렘피라 주 일부를 통틀어 코판 구역이라 부른다. 이곳에서 생산되는 커피는 묵직한 바디감에 코코아향과 되직한 단맛이 나는 것이 특징이다.

몬테시요스

라파스 주와 코마야과 주, 인티부카 주, 산타바바라 주의 일부가 이 구역에 포함된다. 이곳의 농장은 온두라스의 커피 재배지 중에서 가장 해발이 높기 때문에 여기서 생산되는 커피는 자연스럽게 밝고 균형적인 감귤류의 향미를 지닌다.

아갈타

아갈타는 올란초 주와 요로 주에 넓게 분포한 지역이다. 이곳의 커피는 때때로 열대과일 느낌이 날 정도로 산미와 단맛이 강하면서 초콜릿향이 난다.

지도보기

⬤ 주요 커피 산지

▨ 생산 지역

0 km   50
0 miles   50

온두라스 커피의 주요 특징

세계시장 점유율: 4%

수확기: 11월~이듬해 4월

정제 방법: 워시드

주 재배종: 아라비카종 카투라, 카투아이, 파카스, 티피카

생산량: 세계 랭킹 6위

파나마

파나마 커피는 달콤하고 균형적이다. 때때로 꽃향기나 감귤류의 향이 나고 안정감 있으면서 누구나 좋아할 만한 맛이 난다. 게이샤와 같은 희귀한 품종은 매우 비싸다.

CENTRAL AMERICA

대부분의 커피 산지가 치리키 서부에 집중되어 있다. 이곳은 기후와 토양 조건이 완벽하고 바루 화산 덕분에 지대가 높아 열매가 천천히 익기 때문이다. 이 지역에서는 대부분 카투라나 티피카와 같은 아라비카종을 재배한다. 가족이 경영하는 중소농이 대부분이지만 국가 차원에서 곳곳에 고성능 정제공장과 기타 기반시설을 잘 갖추어 놓았다.

최근에 지역개발 붐이 일면서 많은 농지가 존폐의 위기에 처해 있기 때문에, 파나마 커피산업의 미래가 밝지만은 않다.

볼칸

이곳의 고지대에도 커피농장이 있다. 강우 패턴이 일정하고 토양이 비옥하기 때문에 바루 화산 근처에서 생산되는 커피에서는 유독 다채롭고 단맛이 난다.

레나시미엔토

파나마의 커피 생산지 중에서 가장 북쪽에 있는 레나시미엔토는 왼쪽으로 코스타리카와 국경을 맞대고 있다. 교통이 불편한 탓에 상대적으로 덜 알려져 있다. 해발 2,000미터 재배지에서 자라는 이곳 커피는 강하면서도 깔끔한 산미를 지니고 있어 앞으로 발전 가능성이 높다.

보케테

파나마 커피 산지 중 가장 오래되고 가장 널리 알려진 지역이다. 선선하고 안개가 자주 끼는 기후 특징이 이곳 커피의 가치를 세계 최고 수준으로 올려놓았다. 코코아부터 과일까지 다양한 향미가 나고 약한 산미가 있다.

지도보기

- 주요 커피 산지
- 생산 지역

0 km 50
0 miles 50

파나마 커피의 주요 특징

세계시장 점유율: 0.07%

수확기: 12월~이듬해 3월

정제 방법: 워시드, 내추럴

주 재배종: 아라비카종 카투라, 카투아이, 티피카, 게이샤, 문도 노보; 일부 로부스타종

생산량: 세계 랭킹 36위

카리브 해와 북미

멕시코

멕시코 커피가 스페셜티 시장에 모습을 드러낸 것은 비교적 최근의 일이지만, 달콤하면서 순하고 깔끔하게 균형 잡힌 향미 덕에 점점 유명세를 타고 있다.

멕시코 커피의 약 70퍼센트는 해발 400~900미터 높이의 지역에서 재배된다. 인구 30만 명이 커피산업에 종사하며 대부분은 면적 25헥타르 미만의 농장을 운영하는 소농이다. 멕시코에서는 수율이 낮고, 재정난에 시달리며, 기반시설이 열악한 데다가 기술 지원을 받을 곳이 없다는 현실이 상품의 질을 높이고자 하는 생산자들의 열망을 가로막고 있다. 그나마 스페셜티 커피 구매자들과 고품질 커피를 생산하고자 하는 농장주들이 조금씩 네트워크를 구축하고 있다는 점이 희망적이다. 그뿐만 아니라 한편에서는 협동조합과 해발 1,700미터 고지대의 농장들도 슬슬 개성과 복합미를 갖춘 커피를 수출하는 사업에 직접 뛰어들고 있다.

멕시코에서 생산되는 커피는 대부분 워시드 방식으로 정제한 아라비카종이다. 그중에서도 부르봉과 티피카가 대표적이다. 수확은 11월경에 저지대에서 시작해 이듬해 3월경에 고지대에서 마무리된다.

묘상에서 자라고 있는 커피 묘목
대부분의 다른 커피 재배국들과 마찬가지로 멕시코에서도 먼저 커피 묘목을 그늘을 씌운 묘상에 심어 키운다(16~17페이지 참조).

멕시코 커피의 주요 특징

세계시장 점유율: 2.4%

수확기: 11월~이듬해 3월

정제 방법: 워시드, 일부 내추럴

주 재배종: 90% 아라비카종 부르봉, 티피카,
　　　　　카투라, 문도 노보, 마라고지페,
　　　　　카티모르, 카투아이, 카르니카;
　　　　　10% 로부스타종

생산량: 세계 랭킹 10위

문제점: 낮은 수율, 재정난, 기술 부족, 열악한
　　　　기반시설

NORTH
AMERICA

푸에블라

푸에블라는 생산량 기준으로 멕시코 내에서 네 번째로 꼽히는 지역이다. 높게는 해발 1,400미터에 이르는 고지대에 커피 재배지가 있다. 이곳에서 생산되는 커피에서는 일반적으로 순한 맛이 나며 견과류의 향이 살짝 느껴진다.

치아파스

이곳에서 재배되는 커피에서는 핵과류 내음과 코코아의 향을 느낄 수 있다. 이 열대정글 지역은 과테말라와 가까운 덕분에 멕시코에서 제일가는 커피 생산지로 등극할 수 있었다.

베라크루스

멕시코 걸프만 연안에 인접한 베라크루스는 고지대와 저지대 모두에서 커피를 재배한다는 점이 특이하다. 그런 까닭에 이곳의 커피는 종류마다 향미와 품질이 천차만별로 차이 난다.

오악사카

멕시코 남부 연안에 위치한 오악사카에서는 해발 1,700미터 정도의 고지대에서 커피 재배가 이루어진다. 이곳에서 생산되는 커피는 보통의 바디감, 초콜릿과 아몬드향, 그리고 섬세한 산미를 지닌다.

푸에르토리코

CARIBBEAN

푸에르토리코는 생산량 순위로는 꼴찌를 다투지만 이곳에서 나는 커피는 산미가 약하면서
온화한 바디감에 삼나무·허브·아몬드 향이 어우러지는 괜찮은 맛을 낸다.

최근 몇 년간 푸에르토리코의 커피 생산량이 감
소하는 추세다. 불안한 정치 상황과 기후 변화,
높은 생산 비용 때문이다. 일손을 구하지 못해 작
물의 절반 정도를 수확하지 못한 채로 썩힐 정도
라고 한다.

농장은 중앙산맥을 따라 린콘부터 오로코비
스까지 서쪽의 해발 750~850미터 지역에 집중
되어 있다. 하지만 정상이 해발 1,338미터에 달
하는 폰세와 같은 고지대도 커피 재배지로 개발
하면 성공할 잠재력이 충분히 있다.

푸에르토리코의 주 재배종은 아라비카종이
다. 부르봉, 티피카, 파카스, 카티모르 등이 재배
된다. 푸에르토리코 사람들은 자국 커피를 3분
의 1 정도만 마시고 도미니카산과 멕시코산을 더
좋아한다. 수출량은 많지 않다.

아드훈타스

지중해 이민자들이 커피를 가지고 이
곳에 정착한 것이 계기가 되어 커피
재배가 시작되었다. 아드훈타스는 기
후가 선선하고 해발 1,000미터에 이
르기 때문에 '푸에르토리코의 스위
스'라고 불린다.

하유야

푸에르토리코의 원래 수도였던
하유야는 센트럴 산맥에 넓게 퍼
진 열대 운무림으로 유명하며 해
발이 국내에서 두 번째로 높은
곳이다.

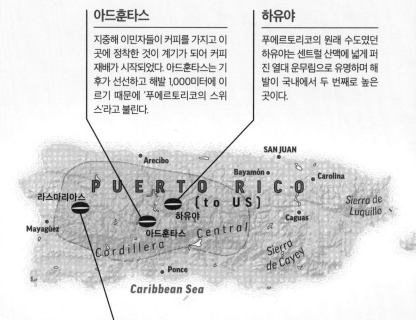

라스마리아스

라스마리아스는 감귤류 과일로 유명한 도시
지만 커피도 과일 못지않은 이곳의 주력 작
물이다. 푸에르토리코의 커피 투어 코스에
이곳의 오래된 대형 농장인 아시엔다들이
빠짐없이 포함된다.

지도보기

⬛ 주요 커피 산지

▨ 생산 지역

0 km   30

0 miles   30

푸에르토리코 커피의 주요 특징

세계시장 점유율: 0.04%

수확기: 8월~이듬해 3월

정제 방법: 워시드

주 재배종: 아라비카종 부르봉, 티피카, 카투라, 카투아이,
파카스, 사르치모르 리마니, 카티모르
페디먼트

생산량: 세계 랭킹 42위

하와이

하와이 커피는 밀크초콜릿과 약한 과일의 산미, 중간 바디감을 내면서 균형감, 청명함, 섬세함, 부드러움을 지니고 있다. 몇몇 품종에서는 아로마와 단맛도 느껴진다.

NORTH AMERICA

하와이에서는 아라비카종을 재배한다. 주 재배종은 티피카, 카투아이, 카투라다. 하와이 커피는 고가에도 잘 팔리기 때문에, 위조품이 많다. 특히 산지가 코나라고 적혀 있으면 한 번쯤 의심해볼 만하다. 하와이 내에서는 커피에 코나라는 이름을 달고 시장에 내놓으려면 코나에서 재배된 생두가 적어도 10퍼센트 이상 포함되어 있어야 하지만, 정작 미국 본토에는 이런 규칙이 적용되지 않는다.

생산비와 인건비가 높은 편이어서 대부분의 작업이 기계로 이루어진다.

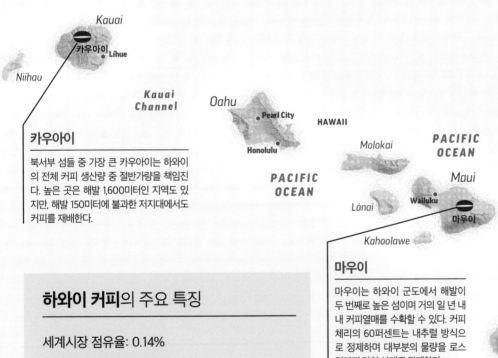

카우아이

북서부 섬들 중 가장 큰 카우아이는 하와이의 전체 커피 생산량 중 절반가량을 책임진다. 높은 곳은 해발 1,600미터인 지역도 있지만, 해발 150미터에 불과한 저지대에서도 커피를 재배한다.

하와이

코나, 카우, 노스힐로, 하마쿠아 지역이 마우나로아 화산의 남쪽 기슭을 에두르는 형태로 배치되어 있다. 이곳의 비옥한 흑토에 커피나무가 뿌리를 내리고 잘 자란다. 하와이 섬에서는 수확한 커피 열매의 대부분을 풀 워시드 방식으로 가공한다.

마우이

마우이는 하와이 군도에서 해발이 두 번째로 높은 섬이며 거의 일 년 내내 커피열매를 수확할 수 있다. 커피 체리의 60퍼센트는 내추럴 방식으로 정제하며 대부분의 물량을 로스팅까지 마친 상태로 판매한다.

지도보기

● 주요 커피 산지

▨ 생산 지역

0 km ─── 50
0 miles ─── 50

하와이 커피의 주요 특징

세계시장 점유율: 0.14%

수확기: 9월~이듬해 1월

정제 방법: 워시드, 내추럴

주 재배종: 아라비카종 티피카, 카투라, 카투아이, 모카, 블루마운틴, 문도 노보

생산량: 세계 랭킹 31위

자메이카

고가임에도 전 세계적으로 없어서 못 파는 커피 품종이 바로 이곳에서 나온다. 전반적으로 자메이카 커피는 달콤하면서 부드럽고 견과의 향미와 완만한 질감을 지닌다.

블루마운틴 산맥에서 재배되는 커피는 자메이카산 커피 중 가장 유명하다. 생두를 황마나 삼베로 만든 포대가 아니라 나무 궤짝에 안전하게 담아 수송하는 특별대우를 할 정도다. 비싸지만 일부나 전체를 바꿔치기한 위조품도 많기 때문에 사고를 미연에 방지하기 위한 다양한 조치가 강구되고 있다. 명성은 블루마운틴이 훨씬 높지만 이곳에서는 티피카도 대량으로 생산된다.

블루마운틴 커피농장
토양이 비옥하고 미네랄이 풍부한 블루마운틴 경사지에 세워진 커피농장.

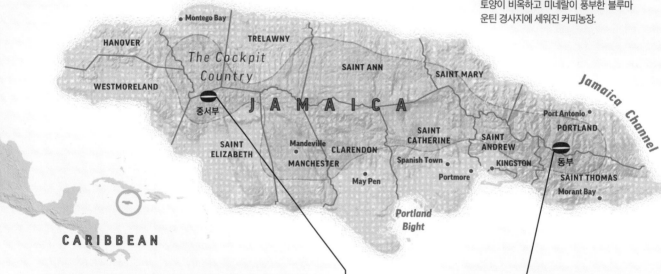

중서부

기후가 미묘하게 다르고 가장 높은 곳이 해발 1,000미터에 불과할 정도로 지대가 낮을 뿐, 트렐로니, 맨체스터, 클라렌든, 세인트앤이 서로서로 어깨를 맞댄 접경지대를 따라 국내의 다른 지역들에서도 블루마운틴과 똑같은 품종을 재배한다. 하지만 블루마운틴이라는 이름은 붙지 않는다.

지도보기

⬛ 주요 커피 산지

🔲 생산 지역

동부

정상의 높이가 해발 2,256미터인 블루마운틴은 포틀랜드와 세인트토머스를 남북으로 나눈다. 산등성이를 따라서는 안개가 자욱한 서늘한 지대가 넓게 펼쳐진다. 커피를 기르기에 딱 좋은 자연 조건을 갖춘 셈이다.

자메이카 커피의 주요 특징

세계시장 점유율: 0.01%

수확기: 9월~이듬해 3월

정제 방법: 워시드

주 재배종: 아라비카종, 대부분이 티피카, 나머지는 블루마운틴

생산량: 세계 랭킹 50위

도미니카 공화국

도미니카의 커피 재배지역은 몇 군데로 나뉘는데, 지역마다 다양한 기후가 나타난다. 이곳의 커피는 묵직한 초콜릿과 향신료의 느낌부터 밝고 섬세한 꽃향기까지 다양한 향미를 지닌다.

도미니카에서는 사실상 전 국민이 커피를 즐겨 마시기 때문에 수출 물량이 많지 않다. 워낙에 가격이 낮은 데다가 몇 해 전에 허리케인이라는 악재가 겹쳐 커피의 품질이 예전만 못한 실정이다.

주 재배종은 티피카, 카투라, 카투아이를 중심으로 하는 아라비카종이다. 요즘은 품질을 다시 높이려는 노력이 한창 진행 중이다.

추수기의 커피체리
도미니카에서는 기후가 일정하지도 우기가 따로 정해져 있지도 않은 탓에 거의 일 년 내내 커피를 수확한다.

시바오
저지대에서 생산된 커피는 견과의 느낌과 함께 달콤하면서 묵직한 바디감을 지니지만 해발 1,500미터 정도의 고지대에서 생산된 커피는 가볍고 향긋한 과일과 꽃의 향미를 낸다.

네이바
바오루코 주의 네이바 시 주변 지역에서는 레몬향이 강하고 바디감이 가벼운 커피가 생산된다. 수확기는 11월부터 이듬해 2월까지다.

지도보기
⬣ 주요 커피 산지
▦ 생산 지역

0 km ———— 50
0 miles ———— 50

바라오나
지역 내 최대의 커피 산지인 바라오나는 해발 600~1,300미터 지대에 커피 농장이 집중되어 있는데, 묵직한 바디감에 산미가 약하고 초콜릿을 연상시킨다는 것이 이곳 커피의 특징이다.

도미니카 커피의 주요 특징

세계시장 점유율: 0.26%

수확기: 9월~이듬해 5월

정제 방법: 워시드, 일부 내추럴

주 재배종: 아라비카종, 대부분이 티피카, 나머지는 카투라, 카투아이, 부르봉, 마라고지페

생산량: 세계 랭킹 25위

쿠바

쿠바 커피는 고가이지만 호불호가 크게 갈리는 편이다. 일반적으로는 묵직한 바디감과 낮은 산미, 균형 잡힌 단맛, 흙과 담배의 내음을 지닌다.

쿠바는 1700년대 중반에 커피가 처음 소개된 이래로 세계 최대의 수출국이 될 정도로 눈부신 발전을 이루었다. 하지만 정치적 혼란과 경제 제재 탓에 발이 묶이면서부터는 남미 국가들이 속속 추월해 나가는 모습을 지켜보기만 해야 했다. 주 재배종은 비야로보스와 ISLA 6-14를 비롯한 아라

비카종이다. 쿠바 사람들은 자신들이 재배하는 것보다 많은 양의 커피를 마시기 때문에, 수출 물량이 제한될 수밖에 없다. 스페셜티 등급의 커피를 재배할 수 있는 표고 조건을 갖춘 곳은 얼마 안 되지만, 무기질이 풍부한 토양과 알맞은 기후가 있으니 희망을 걸어볼 만하다.

쿠바의 산맥
쿠바 산맥은 경사가 가파른 덕분에 일조량이 충분히 확보되면서도 적당히 서늘한 기후 조건이 만들어진다.

서부

과니과니코 산맥에 있는 시에라 드 로스 오르가노스 산과 시에라 델 로사리오 산에 서부 지역의 커피 농가들이 모여 있다. 이 지역은 유네스코가 생물권보전구역으로 지정한 곳이기도 하다. 이곳에서 나는 커피는 대체로 깔끔하고 알찬 맛이 나며 일부 품종은 맵싸한 여운을 남기기도 한다.

중부

쿠바 중부 남단에 길게 누워 있는 에스캄브라이 산맥과 구아무아야 산맥은 길이가 80킬로미터에 이르는데, 이곳의 해발 1,000미터 지역에서 커피를 재배한다. 이 커피는 절제된 산미와 묵직한 바디감, 그리고 삼나무향이 나는 것이 특징이다.

동부

쿠바 동부의 남해 연안을 따라 늘어선 산맥에 시에라 마에스트라 산과 시에라 크리스탈 산이 있다. 이곳의 투르키노 봉은 높이가 해발 1,974미터로 쿠바에서 가장 높은 곳이다. 바로 이 지역 인근이 복합적인 향미가 돋보이는 스페셜티 커피를 재배하기에 최적의 기후를 갖추고 있다.

지도보기
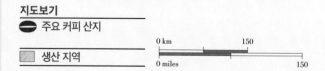
● 주요 커피 산지
▨ 생산 지역

쿠바 커피의 주요 특징

세계시장 점유율: 0.07%

수확기: 7월~이듬해 2월

정제 방법: 워시드

주 재배종: 아라비카종 비야로보스, ISLA 6-14; 일부 로부스타종

생산량: 세계 랭킹 37위

아이티

아이티의 커피는 견과류와 과일의 향을 모두 지니며, 대부분 내추럴 방식으로 정제한다. 이렇게 정제하면 커피의 단맛과 감귤류의 향이 한층 진해진다.

아이티에 커피가 처음 들어온 것은 1725년이다. 아이티는 한때 전 세계 커피 생산량의 절반을 책임지던 커피 강대국이었다. 하지만 정치적 불안과 자연재해 등으로 상처를 입으면서 안타깝게도 현재는 재배지와 숙련된 소규모 자작농이 얼마 남지 않은 실정이다. 더불어 국내 소비량이 매우 많은 것도 아이티 커피의 해외 진출을 막는 또 하나의 걸림돌이다. 그런 가운데 해발 2,000미터의 고지대와 울창한 삼림이 아이티 커피산업의 희망으로 여겨지고 있다. 아이티에서는 아라비카종을 기르는데 티피카, 부르봉, 카투라가 대표적이다.

아르티보니트와 상트르

이 두 지역은 노르 주처럼 생산량이 많지는 않지만, 벨라데르와 사바넷, 쁘띠 리비에르 드 라르티보니트는 잠재력이 많은 곳이다.

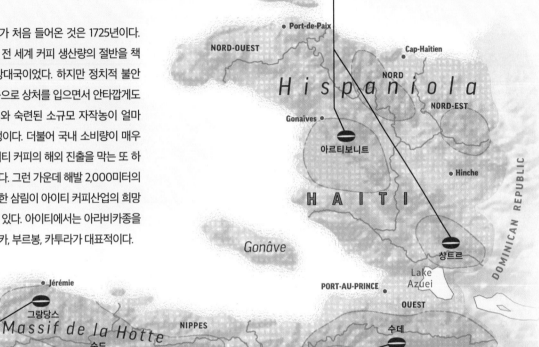

그랑당스

아이티에서 커피 농사를 짓는 17만 5,000 농가 중 대부분이 동쪽 끝자락에 위치한 그랑담스에 모여 산다. 이들은 거의 재배면적이 기껏해야 7헥타르 정도인 영세소농이다.

수드와 수데

아이티 남부 연안, 그중에서도 특히 도미니카와 국경을 맞대고 있는 지역에는 많은 영세소농이 옹기종기 모여 있다. 이들이 생산하는 커피는 품질이 좋은 편이다.

지도보기

- 🔴 주요 커피 산지
- 🔲 생산 지역

아이티 커피의 주요 특징

세계시장 점유율: 0.22%

수확기: 8월~이듬해 3월

정제 방법: 내추럴, 일부 워시드

주 재배종: 아라비카종 티피카, 부르봉, 카투라, 카티모르, 비야로보스

생산량: 세계 랭킹 28위

추출도구

에스프레소 머신

에스프레소 머신은 펌프 압력으로 물을 밀어내어 좋은 성분만 커피에 우러나게 하는 기계다. 제대로 추출하면 단맛과 신맛이 적절하게 어우러진, 일명 샷(shot)이라고 하는 찐득한 소량의 액체가 나온다. 머신 사용법은 46~51페이지의 설명을 참조한다.

예열시간

일반적인 머신은 알맞은 온도로 예열하는 데 20~30분 정도 걸린다. 그러므로 추출하기 전에 시간을 잘 확인해야 한다.

준비물

곱게 간 커피(41페이지 참조)

탬퍼

탬퍼로 커피가루를 눌러 다지면서 공기를 빼낸다. 압축된 덩어리가 수압을 견딜 만큼 단단하고 커피가 균일하게 추출될 수 있도록 평평해야 한다. 고무로 된 탬핑 매트를 깔면 테이블 표면이 포터필터의 스파우트에 긁히는 일을 방지할 수 있다.

필터 바스켓

뺐다 꼈다 하는 필터 바스켓을 포터필터에 끼우면 클립으로 고정되는데, 이 바스켓에 커피가루를 담는다. 바스켓은 추출하고자 하는 커피의 양에 따라 여러 가지 종류가 있다. 바스켓 바닥에 난 작은 구멍의 수, 모양, 크기가 다르면 커피의 향미도 조금씩 달라진다.

포터필터

필터 바스켓을 여기에 끼워 사용한다. 손잡이가 달려 있고 스파우트가 한쪽이나 양쪽에 나 있다.

그룹헤드

포터필터를 그룹헤드에 끼워 고정한다. 물이 샤워스크린을 통과해 분산되면서 커피가루 덩어리를 적시면 커피가루가 포화되어 커피 성분이 골고루 추출된다.

압력 게이지

가정용 에스프레소 머신은 압력이 그렇게 높을 필요가 없다는 게 일반적인 상식이다. 상업용 에스프레소 머신은 보통 수압을 9바(bar)에 맞추고 사용하는데, 이때 증기압은 1~1.5바가 된다. 어떤 머신에는 예비관류 기능이 있어서, 펌프 압력을 최대로 높이기 전에 커피가루를 살짝 적셔둘 수 있다.

수온

추출할 물 온도는 90~95℃여야 한다. 그래야 커피에 최상의 향미가 우러나기 때문이다. 원두 종류에 따라 어떤 커피는 뜨거울 때 마시는 게 맛있고 어떤 커피는 차게 마시는 게 잘 어울린다.

보일러

에스프레소 머신에는 일반적으로 보일러가 한 개나 두 개 장착되어 있다. 이 보일러로 추출할 물을 데우고 우유거품을 낼 스팀을 만든다. 기타 용도로 사용할 온수밸브 하나가 따로 있다.

스팀봉

작업 공간을 확보하려면 스팀봉이 자유자재로 돌아가는 것이 좋다. 스팀봉 끝의 노즐은 여러 가지 모양으로 제작되므로 스팀의 압력과 분사 방향을 각자 입맛에 맞게 바꿀 수 있다. 우유가 스팀봉 안팎에 금세 눌어붙기 때문에 노즐을 바로바로 닦아 늘 깨끗하게 관리해야 한다.

프렌치프레스

일명 카페티에르(cafetière)라고도 하는 프렌치프레스는 커피를 간편하면서도 맛있게 만들 수 있는 훌륭한 추출도구다. 프렌치프레스의 가장 큰 장점은 쉽고 빠르다는 것이다. 커피를 물에 충분히 우린 다음에 촘촘한 필터를 밀어내리면 찌꺼기는 밑바닥에 격리되고 오일과 커피 미립자는 위에 남는다. 그런 까닭에 바디감이 좋은 커피가 만들어진다.

준비물

- 굵게 간 커피(41페이지 참조)
- 전자저울: 커피와 물의 비율을 맞추는 데 사용한다.

사용 방법

1 프렌치프레스에 뜨거운 물을 부어두어 예열한다. 이 물을 따라 버리고 프렌치프레스를 저울에 올려 무게를 잰다.

2 프렌치프레스에 커피가루를 넣고 다시 무게를 잰다. 일반적으로 권장되는 비율은 커피 30그램에 물 500밀리리터다.

3 양을 확인해가면서 물을 붓는다. 물 온도는 90~94℃ 사이가 좋다.

4 커피를 한두 번 휘젓는다.

5 4분 동안 기다린다. 그런 다음 표면만 한 번 더 살살 저어준다.

6 표면에 떠 있는 거품과 찌꺼기를 스푼으로 걷어낸다.

7 필터가 달린 뚜껑을 덮고 커피가루가 밑바닥에 다 모일 때까지 플런저를 천천히 내리누른다. 누르는 데 힘이 너무 많이 든다면 커피의 양이 많거나, 커피가루가 너무 곱거나, 우린 시간이 짧은 것이다.

8 2분 정도 잠시 그대로 두어 가루를 가라앉힌 후에 커피잔에 따른다.

세척하기

- 모델에 따라 식기세척기에 넣어도 되는 것이 있다.
- 필터를 해체한다. 그러면 커피가루와 오일이 필터 틈새에 끼지 않아 다음에 커피를 추출할 때 불쾌한 쓴맛이나 신맛이 나지 않는다.

플런저(Plunger)
플런저를 내리면 커피액은 위에 남고 커피가루만 바닥에 모인다.

추출시간
추출시간은 4분으로 한다. 플런저를 다 누르고 나면 2분 더 기다린다. 그래야 고운 가루까지 깨끗하게 가라앉힐 수 있다.

금속망 필터
커피를 잔에 옮기고 나면 필터 부품을 모두 해체한 뒤에 세척한다(왼쪽 세척하기 참조).

두 번 젓는 이유
물을 부은 후에는 커피가루를 물에 푹 적시기 위해, 플런저를 내리기 직전에는 찌꺼기를 가라앉히기 위해 젓는다.

페이퍼 드리퍼

종이 필터를 이용하는 드립법은 커피를 컵이나 서버 주전자에 바로 내릴 수 있다는 면에서 간편하다. 필터를 빼서 그대로 버리면 되므로 청소하기 쉽고 손이 덜 간다는 것도 큰 장점이다.

종이 필터
종이 필터는 오일과 고운 가루를 완벽하게 걸러준다. 간혹 커피에 종이 냄새가 남기도 하는데, 이게 싫을 때는 표백한 필터를 미리 물에 한 번 헹군 뒤에 사용하면 잡내를 줄일 수 있다.

준비물

- 중간 굵기로 간 커피(41페이지 참조)
- 전자저울: 커피와 물의 비율을 맞추는 데 사용한다.

사용 방법

1 종이 필터를 물로 한 번 헹군다. 필터 홀더와 컵 또는 서버에 뜨거운 물을 부어두어 예열한다. 이 물은 따라 버린다.

2 컵 또는 서버를 저울에 올려 무게를 잰다. 그 상태에서 위에 필터를 올리고 다시 무게를 잰다.

3 필터에 커피가루를 넣고 한 번 더 무게를 잰다. 일반적으로 권장되는 비율은 커피 60그램에 물 1리터다.

4 90~94℃의 물을 약간 부어 커피가루를 물에 충분히 적신다. 커피가루 봉우리가 봉긋 솟았다가 꺼질 때까지 30초 정도 기다린다.

5 물을 천천히 일정한 속도로 혹은 물줄기를 규칙적으로 끊어가며 붓는다. 물이 필터를 다 통과하면 끝난 것이다.

세척하기

- 대부분의 필터 홀더는 식기세척기에 넣어 씻어도 된다.
- 부드러운 수세미와 세제를 연하게 탄 물을 사용해서 오일과 찌꺼기를 닦아낸다.

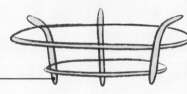

필터 홀더
커피를 담을 컵이나 서버 위에 올린다.

홀더 받침대
필터가 홀더 안에서 얌전히 있도록 지탱해준다.

물 붓기
물을 부을 때는 항상 커피가 물에 푹 잠겨 있어야 한다. 아니면 물을 원심점에만 부으면서 커피가루가 필터 가장자리로 밀려나게 한다. 어느 쪽이든 각자 맘에드는 방식을 선택한다.

추출시간
물이 필터를 모두 통과하는 시간은 3~4분이 적당하다. 분쇄 정도와 원두의 양을 조금씩 다르게 해가면서 최적의 맛이 나는 조건을 찾는다.

서버 주전자
커피를 주전자에 모으거나 바로 컵에 내려 마신다.

융 드리퍼

알고 보면 천 필터를 이용하는 드립법은 종이 필터보다 더 오랜 역사를 가지고 있다.
이때 사용하는 천 필터를 일명 '융' 혹은 '넬'이라고 한다. 융 드립을 선호하는 사람들
은 종이 냄새가 나지 않는다는 점에 높은 점수를 준다. 또한, 오일이 천을 통과해 그
대로 커피로 옮겨오기 때문에 커피에서 더 풍성한 느낌이 난다.

준비물

- 중간 굵기로 간 커피(41페이지 참조)
- 전자저울: 커피와 물의 비율을 맞추는 데 사용한다.

사용 방법

1 새 필터를 처음 사용할 때나, 예열을 목적으로 필터
   를 뜨거운 물에 담가서 꼼꼼하게 씻는다. 얼렸던 필
   터(아래 세척하기 참조)를 사용할 때도 똑같은 방법으
   로 해동한다.

2 필터를 서버 위에 올리고 필터 위로 뜨거운 물을 부
   어 서버를 예열한다. 이 물은 따라 버린다.

3 서버를 저울에 올려 무게를 잰다.

4 필터에 커피가루를 넣는다. 커피 15그램에 물 250
   밀리리터를 기본 비율로 한다.

5 90~94℃의 물을 약간 부어 커피가루를 물에 충분
   히 적신다. 커피가루 봉우리가 봉긋 솟았다가 꺼질
   때까지 30~45초 정도 기다린다.

6 물을 천천히 일정한 속도로 혹은 물줄기를 규칙적
   으로 끊어가며 붓는다. 물이 필터를 다 통과하면 커
   피를 컵에 따라 마신다.

세척하기

- 커피 찌꺼기를 털어내 버리고 필터를 뜨거운 물에
  잘 씻는다. 세제를 사용하지 않는다.
- 필터를 젖은 상태로 얼리거나 밀폐용기에 넣어 냉
  장실에서 보관한다.

물 붓기
커피가루에 물을 부을 때
물이 필터 밖으로 넘치면
안 된다. 수위가 필터 용량의
4분의 3을 넘지 않도록
물을 천천히 붓는다.

천 필터

필터의 기능
천 필터는 고운 가루를
완벽하게 걸러준다.

추출시간
물이 3~4분 안에 모두
필터를 통과하게 한다.
각자에게 맞는 최적의 조건을
찾을 때까지 분쇄 정도와
원두의 양을 조금씩 다르게
해가면서 실험한다.

서버 주전자

에어로프레스

에어로프레스는 드리퍼와 똑같이 깔끔한 커피를 만들 수도 있고 나중에 물을 섞어 희석할 목적으로 아주 진하게 농축된 커피를 만들 수도 있는 재주꾼이다. 분쇄 굵기, 원두의 양, 플런저를 누르는 압력 등의 요소를 마음대로 조절할 수 있기 때문에 활용 범위가 넓다는 특징이 있다.

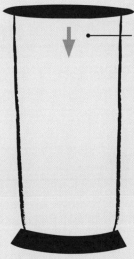

플런저
추출 챔버 안에 딱 맞게 들어간다. 플런저 끝이 필터 뚜껑에 닿을 때까지 플런저를 눌러 내려 커피를 추출한다.

준비물

- 곱게 혹은 중간 굵기로 간 커피(41페이지 참조)
- 전자저울: 커피와 물의 비율을 맞추는 데 사용한다.

사용 방법

1 플런저를 추출 챔버에 2센티미터 정도만 끼운다.

2 플런저가 아래로 오도록 뒤집어 세워서 저울에 올려 무게를 잰다. 두 부품이 빈틈 없이 단단하게 결합되어 있는지 확인하고 저울에서 기구가 넘어지지 않도록 주의한다.

3 그 상태에서 추출 챔버에 커피가루 12그램을 넣고 무게를 잰다.

4 여기에 뜨거운 물 200밀리리터를 붓고 기구가 넘어지지 않도록 주의하면서 살살 젓는다. 그대로 30~60초 정도 두었다가 다시 한번 젓는다.

5 필터 뚜껑에 종이 필터를 끼우고 물에 한번 헹군다. 그런 다음 필터 뚜껑을 추출 챔버에 끼운다.

6 합체된 에어로프레스를 재빠르게 뒤집어 튼튼한 컵이나 서버 주전자에 올린다.

7 플런저를 천천히 내리누른다. 그러면 커피가 필터를 통과하면서 컵에 담긴다.

세척하기

- 각 부품을 분해한다. 먼저 필터 뚜껑을 돌려 뺀다. 그런 다음에 커피 찌꺼기 덩어리가 툭 빠져나올 때까지 플런저를 끝까지 밀어 내린다. 커피 찌꺼기는 버린다.
- 세제를 탄 물로 직접 닦거나 식기세척기에 넣는다.

또 다른 방법

필터 뚜껑에 종이 필터를 끼우고, 빈 에어로프레스를 그대로 컵에 올린다. 여기에 커피가루와 물을 붓는다. 그러고 나서 재빨리 플런저를 끼워야 한다. 안 그러면 물이 바로 컵으로 주르륵 흘러내려버린다.

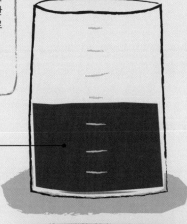

추출 챔버
물에 불린 커피가루가 플런저에 밀려 내려가면서 필터에서 압축된다.

필터 뚜껑
필터 뚜껑 안에 종이 필터를 넣고 이것을 추출 챔버에 끼운다.

사이폰

보는 이의 눈을 즐겁게 하는 사이폰은 특히 일본에서 인기가 높다. 사이폰으로 커피를 추출하려면 시간이 좀 걸리지만 일종의 의례로 생각한다면 그것도 또 나름대로 하나의 매력으로 다가온다.

준비물

- 중간 굵기로 간 커피(41페이지 참조)

사용 방법

1 커피를 우릴 분량만큼의 뜨거운 물을 서버 플라스크에 붓는다.

2 추출 챔버 바닥에 필터를 내려놓고 쇠줄 손잡이를 당겨 깔때기 주둥이 끝에 고리를 걸어 고정한다. 쇠줄이 서버 플라스크에 닿아야 한다.

3 깔때기를 플라스크에 넣는다. 꽉 끼우지 말고 추출 챔버를 비스듬하게 기대어 놓는다.

4 불을 켜고 플라스크를 가열한다. 물이 끓기 시작하면 추출 챔버를 플라스크에 제대로 끼운다. 무리해서 꽉 끼울 필요는 없고 틈새 없이 똑바로 세우기만 하면 된다. 곧 추출 챔버에 물이 차오른다. 이때 플라스크에 약간의 물이 남는 것이 정상이다.

5 물이 추출 챔버에 거의 다 차면 커피가루를 넣는다. 물 250밀리리터에 커피 15그램으로 맞춘다. 그런 다음 몇 초 동안 잘 저어준다.

6 1분 동안 그대로 두어 커피가 우러나게 한다.

7 다시 한번 커피를 저어주고 불을 끈다. 그러면 커피가 다시 플라스크로 내려간다.

8 커피가 모두 내려가면 추출 챔버를 살살 떼어내고 플라스크의 커피를 컵에 부어 마신다.

세척하기

- 사용한 종이 필터는 버리고 필터 홀더만 세제와 물로 잘 닦는다.
- 융 필터는 148페이지에서 설명한 방법대로 세척한다.

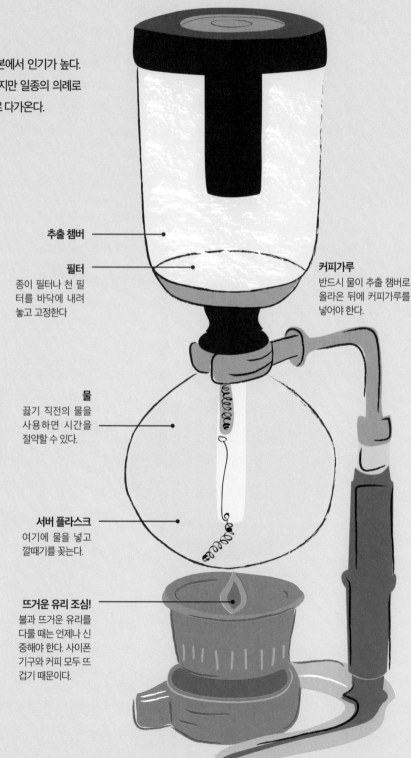

추출 챔버

필터
종이 필터나 천 필터를 바닥에 내려놓고 고정한다

커피가루
반드시 물이 추출 챔버로 올라온 뒤에 커피가루를 넣어야 한다.

물
끓기 직전의 물을 사용하면 시간을 절약할 수 있다.

서버 플라스크
여기에 물을 넣고 깔때기를 꽂는다.

뜨거운 유리 조심!
불과 뜨거운 유리를 다룰 때는 언제나 신중해야 한다. 사이폰 기구와 커피 모두 뜨겁기 때문이다.

스토브톱 포트

흔히 모카포트라고 부르는 스토브톱 포트는 증기압을 이용해서 진한 커피를 우려내는 도구다. 따라서 모카포트로 추출한 커피에서는 비단 같은 느낌이 난다. 원래 모카포트는 에스프레소를 만들고자 발명된 도구는 아니지만, 고온에서 커피가 추출되는 탓에 진한 향미가 우러나오기 때문에 에스프레소와 비슷한 커피를 만들 수 있다.

준비물

• 중간 굵기로 간 커피(41페이지 참조)

사용 방법

1 포트 하부에 뜨거운 물을 붓는다. 안전밸브 높이를 넘지 않도록 한다.

2 필터에 커피가루를 소복하게 담는다. 커피 25그램에 물 500밀리리터 비율에 맞춘다. 표면을 평평하게 고른다.

3 필터를 포트 하부에 끼우고 그 위에 상부를 마저 끼워 합체한다.

4 합체한 스토브톱 포트를 중불에 올린다. 이때 뚜껑을 열어두어야 한다.

5 포트 상부 안을 잘 주시한다. 물이 끓으면 커피가 올라오는 것이 보일 것이다.

6 커피 색깔이 옅어지고 기포가 나기 시작하면 불을 끈다.

7 기포가 더 이상 생기지 않을 때까지 기다린 뒤에 컵에 따라 마신다.

세척하기

• 포트를 분해하기 전에 30분 동안 방치해 식히거나 찬물에 담가둔다.

• 세척할 때 세제를 사용하면 안 된다. 따뜻한 물에 적셔 부드러운 수세미나 세척솔로 닦는다. 이렇게만 해도 충분히 깨끗하게 닦인다.

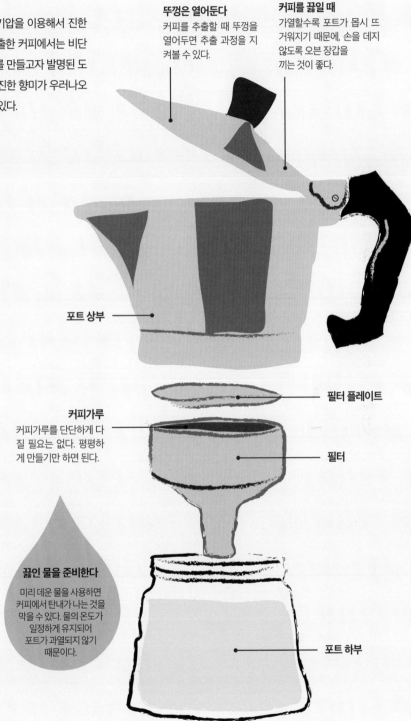

뚜껑은 열어둔다
커피를 추출할 때 뚜껑을 열어두면 추출 과정을 지켜볼 수 있다.

커피를 끓일 때
가열할수록 포트가 몹시 뜨거워지기 때문에, 손을 데지 않도록 오븐 장갑을 끼는 것이 좋다.

포트 상부

필터 플레이트

커피가루
커피가루를 단단하게 다질 필요는 없다. 평평하게 만들기만 하면 된다.

필터

끓인 물을 준비한다
미리 데운 물을 사용하면 커피에서 탄내가 나는 것을 막을 수 있다. 물의 온도가 일정하게 유지되어 포트가 과열되지 않기 때문이다.

포트 하부

콜드 드리퍼

냉수로 내린 커피는 신맛이 훨씬 덜하다. 게다가 차가운 채로 마셔도 되고 데워서 따뜻하게 마실 수도 있다. 하지만 냉수로 커피 성분을 추출하는 것은 쉬운 일이 아니기 때문에, 전용 도구와 상당한 인내심이 필요하다. 도구가 없을 때는 프렌치프레스를 이용할 수 있다. 프렌치프레스에 커피와 물을 붓고 하룻밤 냉장고에 넣어 두었다가 필터에 걸러내면 된다.

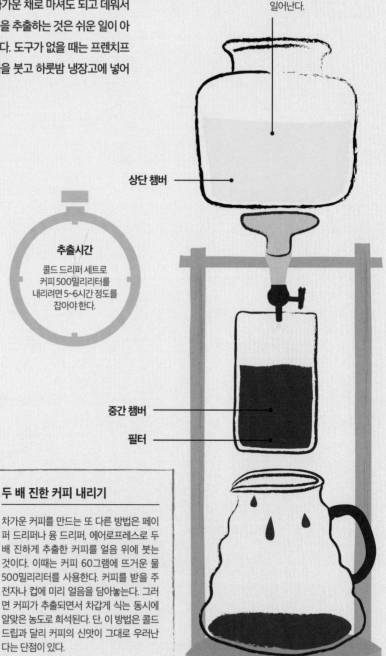

냉수
냉수가 한 방울씩 천천히 떨어지면서 추출이 일어난다.

상단 챔버

추출시간
콜드 드리퍼 세트로 커피 500밀리리터를 내리려면 5~6시간 정도를 잡아야 한다.

중간 챔버

필터

준비물

• 중간 굵기로 간 커피(41페이지 참조)

사용 방법

1 드리퍼 밸브를 잠근 상태에서 상단 챔버에 냉수를 붓는다.

2 중간 챔버 필터를 꼼꼼하게 헹구고 커피를 넣는다. 권장되는 비율은 커피 60그램에 물 500밀리리터.

3 중간 챔버를 살살 흔들어서 커피가루 표면을 평평하게 만들고 물로 한 번 헹군 다른 필터를 커피가루 위에 덮는다.

4 밸브를 열고 물이 소량씩 떨어지게 한다. 커피가루가 촉촉하게 젖으면 추출이 시작된다.

5 1분에 30~40방울의 속도로 물이 떨어지도록 밸브를 자주 조절한다.

6 추출이 완료되면 있는 그대로 커피를 즐기거나 뜨거운 물이나 차가운 물을 섞어 희석해서 마신다. 얼음을 넣어도 좋다.

세척하기

• 드리퍼 세트 사용설명서에 나와 있는 대로 한다. 그래도 혹시나 불안하면 따뜻한 물에 담그고 부드러운 천으로 닦아준다. 세제는 사용하지 않는다. 천 필터를 사용했다면 물로 잘 헹군 뒤에 다음에 쓸 때까지 냉장실이나 냉동실에 넣어 보관한다.

두 배 진한 커피 내리기

차가운 커피를 만드는 또 다른 방법은 페이퍼 드리퍼나 융 드리퍼, 에어로프레스로 두 배 진하게 추출한 커피를 얼음 위에 붓는 것이다. 이때는 커피 60그램에 뜨거운 물 500밀리리터를 사용한다. 커피를 받을 주전자나 컵에 미리 얼음을 담아놓는다. 그러면 커피가 추출되면서 차갑게 식는 동시에 알맞은 농도로 희석된다. 단, 이 방법은 콜드 드립과 달리 커피의 신맛이 그대로 우러난다는 단점이 있다.

전기 커피메이커

소박하고 평범한 커피메이커는 커피를 내 손으로 직접 내리는 재미를 선사하지는 못하지만, 좋은 원두와 깨끗한 물을 사용하면 괜찮은 커피를 만들어낸다. 커피가루 찌꺼기를 그대로 퇴비로 재활용할 수 있기 때문에 쓰레기 처리가 간편하다.

추출시간

추출시간은 4~5분 정도로 한다. 내려진 커피가 너무 많이 남았을 때는 예열한 보온병에 담아둔다.

준비물

- 중간 굵기로 간 커피(41페이지 참조)
- 남은 커피를 보관할 보온병: 미리 데워서 준비한다.

사용 방법

1 물통에 깨끗한 냉수를 붓는다.

2 종이 필터를 꼼꼼히 헹구고 홀더에 넣는다.

3 물 1리터당 커피 60그램을 계량해 필터에 담고 필터를 톡톡 쳐서 커피가루 표면을 평평하게 만든다.

4 필터를 머신에 장착하고 전원 버튼을 누른다. 추출이 끝나면 컵에 담아 마신다.

세척하기

- 물을 정수하면 물속의 석회성분이 어느 정도 제거된다. 따라서 정수된 물을 사용하면 커피메이커의 가열부와 배수관을 깨끗하게 관리할 수 있다.
- 물때 제거용 세정액은 머신에 흰 얼룩을 남기지 않도록 하는 데 도움이 된다.

깨끗한 물
물때가 끼고 커피 맛을 해치지 않게 하려면 정수나 생수를 사용한다.

필터

서버 주전자

핀(Phin)

베트남식 커피 추출도구인 핀은 사용법이 간단하다. 기본 원리는 필터에 커피가루를 넣고 중력을 이용해서 압축하는 것이다. 한편 중국식 핀은 필터를 돌려 끼우기 때문에 추출 정도를 더 미세하게 조절할 수 있다. 베트남식이든 중국식이든 핀을 이용하면 원두 분쇄 정도와 커피의 양만 잘 맞추면 누구나 맛 좋은 커피를 만들어낼 수 있다.

준비물

- 중간 굵기보다 약간 더 곱게 간 커피(41페이지 참조)

사용 방법

1 아래부터 위로 머그, 핀 받침, 핀 컵의 순서로 쌓아놓고 뜨거운 물을 부어 각 도구를 예열한다. 컵에 모인 물은 버린다.

2 핀 컵에 커피가루를 넣는다. 비율은 커피 7그램에 물 100밀리리터로 한다. 컵을 살살 흔들어서 커피가루 표면을 평평하게 만든다.

3 필터를 커피가루 위에 올려놓고 살살 돌려 커피가루 표면을 고르면서 다진다.

4 준비한 뜨거운 물을 3분의 1만 붓는다. 그 상태에서 1분 동안 두어 커피가루를 물에 불린다.

5 나머지 물을 마저 붓는다. 그런 다음 뚜껑을 닫아 열손실을 막는다. 커피가 한 방울씩 똑똑 떨어지며 천천히 추출되는 모습을 지켜본다. 4~5분이 지나면 추출된 커피를 마셔도 좋다.

세척하기

- 일반적으로 핀은 식기세척기에 넣을 수 있다. 정확한 정보는 제품설명서를 보고 확인한다.
- 컵과 필터가 금속 재질로 되어 있으므로 온수와 세제만 있으면 충분히 깨끗하게 닦인다.

추출시간
커피가 4~5분 동안 모두 추출되어야 한다. 시간이 이보다 덜 걸리거나 더 걸릴 때는 분쇄 정도나 원두의 양을 조절한다.

뚜껑
뚜껑을 덮어두면 커피가 추출되는 동안 열이 빠져나가지 않는다. 게다가 추출이 끝난 뒤에 똑똑 떨어지는 커피방울이 바닥을 더럽히지 않도록 뚜껑을 밑접시로 활용할 수도 있다.

필터

컵

받침

머그

이브리크(Ibrik)

동유럽과 중동에서는 흔히 이브리크로 커피를 끓여 마신다. 이브리크는 체즈베(cezve), 브리키(briki), 라크와(rakwa), 핀잔(finjan), 카나카(kanaka) 등등 여러 가지 이름으로 불리지만 모두 긴 손잡이가 달려 있고 주석을 덧댄 구리 주전자를 가리킨다. 이브리크로 우려낸 커피는 묵직하고 독특한 향미를 지닌다. 이브리크용 원두는 매우 곱게 갈아야 한다. 불의 세기와 분쇄 크기와 물의 비율이 커피의 맛을 좌우한다.

준비물

• 밀가루처럼 매우 곱게 분쇄한 커피(41페이지 참조)

사용 방법

1 이브리크에 냉수를 붓고 중불에서 끓인다.

2 이브리크를 불에서 내린다.

3 여기에 커피가루를 넣는다. 한 컵당 1티스푼으로 계산한다. 여기에 원하는 다른 재료를 함께 넣는다.

4 잘 저어 커피가루와 모든 재료를 골고루 섞는다.

5 이브리크를 다시 불에 올리고 천천히 저어가며 거품이 생길 때까지 가열한다. 팔팔 끓으면 안 된다.

6 끓으려고 하면 이브리크를 불에서 내리고 1분 동안 식힌다.

7 그런 다음 다시 불에 올리고 똑같이 천천히 저어가며 거품이 생길 때까지 가열한다. 마찬가지로 끓으면 안 된다. 이 과정을 반복한다.

8 거품을 스푼으로 덜어 컵에 담고 그 위에 커피를 천천히 붓는다.

9 2분 정도 그대로 두어 찌꺼기를 가라앉힌 다음에 마신다. 커피 찌꺼기까지 먹지 않도록 주의한다.

세척하기

• 온수에 세제를 풀어 부드러운 수세미 혹은 세척솔로 닦고 잘 헹구어낸다.

• 오래 사용하다보면 주석 코팅이 검게 변하는데 이것은 정상적인 현상이므로 억지로 벗기면 안 된다.

반복 가열
커피를 한 번만 우려도 되지만, 여러 번 재탕하면 특유의 묵직한 바디감을 오래 음미할 수 있다.

손잡이
손잡이가 길기 때문에 이브리크를 다룰 때는 정교한 손놀림이 필요하다. 커피를 컵에 따를 때는 천천히 부어야 거품이 꺼지지 않는다.

추출 챔버
터키 전통 방식에 따르면 커피가루에 설탕과 향신료를 섞어 끓인다. 185페이지에 소개한 레시피를 참조한다.

나폴리탄(neapolitan)

모카포트보다는 덜 유명할지 몰라도 뒤집는 전통 방식의
커피메이커 나폴리탄 혹은 나폴레타나(napoletana)는 세계
곳곳의 가정집에서 드물지 않게 눈에 띈다. 증기가 아닌
중력을 추출에 이용하므로 원두를 조금 더 거칠게 갈아
야 하지만 덕분에 쓴맛이 줄어든다.

준비물

• 중간 굵기로 간 커피(41페이지 참조)

사용 방법

1 주둥이가 없는 포트에 작은 구멍 바로 아래까지
   물을 담는다.
2 여기에 필터 부분이 위를 향하게 해 실린더를 넣
   는다.
3 물 1리터당 60그램의 비율로 커피가루를 실린더
   에 담고 구멍 송송 뚫린 마개를 끼운다.
4 주둥이 달린 포트를 뒤집어 위에 얹는다. 그 상태
   로 불에 올려 끓인다.
5 주둥이를 통해 수증기와 물방울이 나오기 시작하
   면 불을 끈다.
6 두 손잡이를 꽉 잡고 추출장치 전체를 위아래로
   뒤집어 물이 주둥이 달린 포트로 방울방울 걸러
   지게 한다.
7 몇 분 뒤, 물을 담았던 포트와 필터 실린더를 분리
   한다. 커피가 식지 않도록 뚜껑을 덮어둔다.

세척하기

• 나폴리탄의 재질에 따라, 식기세척기에 넣거나 순
  한 세제를 사용해 손세척한다.

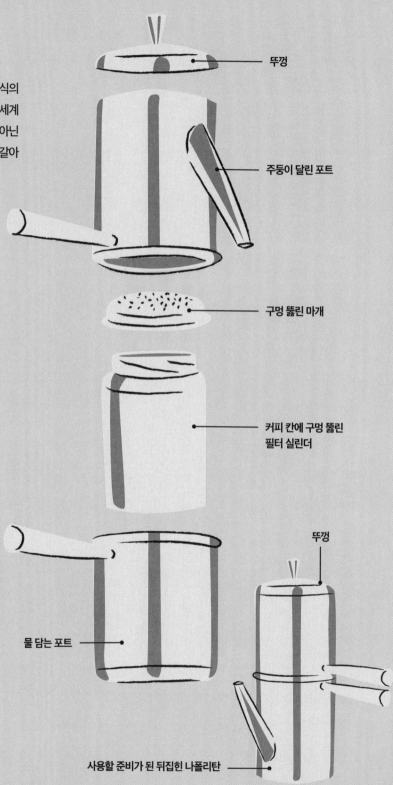

뚜껑

주둥이 달린 포트

구멍 뚫린 마개

커피 칸에 구멍 뚫린
필터 실린더

뚜껑

물 담는 포트

사용할 준비가 된 뒤집힌 나폴리탄

칼스바트 (Karlsbader)

특이하게 이중막 도자기 필터를 사용하는 독일식 추출도구 칼스바트는 고전미가 있으면서도 사용하기 편하다. 유약 바른 도자기 필터 덕분에 종이든 천이든 커피맛을 해치는 필터가 필요하지 않아 커피 오일과 미세성분이 깊고 풍부한 커피를 경험할 수 있다.

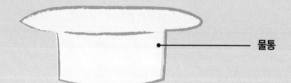

뚜껑

물통

준비물

• 굵게 간 커피(41페이지 참조)

사용 방법

1　필터를 서버 포트 위에 올린다.
2　물 1리터당 60그램의 비율로 커피가루를 넣는다.
3　필터 위에 물통을 올리고 막 끓인 물을 천천히 붓는다.
4　물을 충분히 부었으면 필터를 빼고 커피가 식지 않도록 서버 포트에 뚜껑을 덮어둔다.

세척하기

• 도자기 필터는 관리가 까다롭다. 순한 세제를 사용해 부드러운 솔이나 천으로 손세척한다.

도자기 필터

분쇄 굵기
먼저 여러 번 실험해 도자기 이중막을 통과하지는 못하게 굵으면서도, 천천히 커피가 추출될 만큼 물을 머금을 수 있을 정도로 고운 분쇄 굵기를 찾는 게 좋다.

서버 포트

레시피

카푸치노

추출도구: **에스프레소 머신**   유제품: **우유**   온도: **뜨겁게**   분량: **두 잔**

이탈리아에서는 아침에 카푸치노를 마시는 것이 전통이라지만, 이 모닝 커피는 이제 어느 나라에서든 하루 종일 즐기는 대중적인 메뉴로 자리 잡았다. 많은 이가 커피와 우유의 비율이 가장 조화로운 커피가 바로 카푸치노라고 말한다.

준비물

장비
중간 크기 커피잔 2개
에스프레소 머신
스팀피처

재료
곱게 간 원두 16~20그램
우유 130~150밀리리터
기호에 따라 초콜릿가루나 시나몬가루

1 머신에 올려놓거나 뜨거운 물을 부어 커피잔을 데운다. 48~49페이지에서 설명한 방법대로 에스프레소를 한 잔에 한 샷씩 (25밀리리터) 내린다.

2 우유를 약 60~65℃로 데운다. 과열하지 않도록 주의한다. 피처 바닥이 맨손으로 만질 수 없을 정도로 뜨거워졌다면 딱 좋은 온도다 (52~55페이지 참조).

TIP

이 레시피는 두 잔 분량이지만 한 잔도 간단하게 만들 수 있다. 싱글 사이즈의 필터 바스켓과 스파우트가 하나인 포터필터를 사용하면 된다. 만약 이중에 어느 하나가 없더라도 실망할 필요는 없다. 매번 두 잔을 만들어 친구와 나누는 기쁨을 누릴 수 있으니까.

카푸치노는
이탈리아의 아침식사용 커피에 그치지 않고,
전 세계에서 사랑받고 있다.

3 우유를 에스프레소 위에 붓는다. 크레마가 우유거품 주위로 황금고리를 그리도록 해야 첫 한 모금을 마셨을 때 진한 커피맛을 느낄 수 있다. 우유거품 두께는 1센티미터가 적당하다.

4 원한다면 셰이커나 작은 체를 이용해서 초콜릿가루나 시나몬가루를 솔솔 뿌린다.

카페라떼

 추출도구: 에스프레소 머신   유제품: 우유   온도: 뜨겁게   분량: 한 잔

카페라떼는 카푸치노와 함께 이탈리아의 전통 아침 음료 중 하나다. 에스프레소를 응용한 다른 메뉴들에 비해 커피맛은 더 연하고 우유맛은 더 묵직하다. 카페라떼 역시 전 세계에서 때를 가리지 않고 즐겨 마신다.

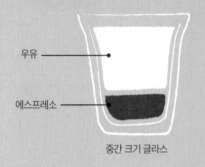

우유 ──────

에스프레소 ──────

중간 크기 글라스

1 머신에 올려놓거나 뜨거운 물을 부어 글라스를 데운다. 48~49페이지에서 설명한 방법대로 글라스에 **에스프레소 싱글샷(25밀리리터)**을 내린다. 포터필터의 스파우트에 맞는 글라스가 없으면 글라스 대신 작은 잔을 사용한다.

2 스팀으로 **우유 210밀리리터**를 약 60~65℃로 데운다(52~55페이지 참조). 피처 바닥이 맨손으로 만질 수 없을 정도로 뜨거워졌을 때 멈추면 온도가 대충 맞다.

3 에스프레소를 내릴 때 다른 잔을 사용했다면 잔에 담긴 커피를 글라스로 옮기고 그 위에 우유를 붓는다. 우유를 부을 때는 피처와 글라스를 딱 붙인 상태에서 피처를 좌우로 살살 흔들어준다. 60페이지의 설명대로 튤립을 그려도 좋다. 우유거품 두께는 5밀리미터가 적당하다.

갓 완성한 커피를 바로 스푼과 함께 내간다. 포슬포슬한 우유거품을 선호한다면, 우유를 먼저 글라스에 부은 다음에 그 위에 따로 내린 에스프레소를 부으면 된다.

코코아나 견과의 향이 강한 원두가
스티밍한 우유의 단맛과
궁합이 잘 맞는다.

플랫 화이트(Flat white)

추출도구: **에스프레소 머신**   유제품: **우유**   온도: **뜨겁게**   분량: **한 잔**

호주와 뉴질랜드에서 탄생한 플랫 화이트는 만드는 방법이 지역마다 조금씩 다르다. 언뜻 카푸치노와 비슷하지만 커피향이 더 강하고 거품의 양이 더 적다. 보통은 라떼아트를 곁들여 손님에게 대접한다.

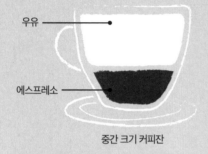

우유

에스프레소

중간 크기 커피잔

1 머신에 올려놓거나 뜨거운 물을 부어 커피잔을 데운다. 48~49페이지에서 설명한 방법대로 글라스에 **에스프레소 더블샷**(50밀리리터)을 내린다.

2 스팀으로 **우유 130밀리리터**를 약 60~65℃로 데운다(52~55페이지 참조). 피처 바닥이 맨손으로 만질 수 없을 정도로 뜨거워졌을 때 멈춘다.

3 피처와 잔을 딱 붙인 상태에서 58~61페이지의 설명대로 피처를 좌우로 살살 흔들어주면서 에스프레소 위에 우유를 붓는다. 우유거품 두께는 5밀리미터가 적당하다.

갓 완성한 커피를 바로 내간다. 오래 둘수록 우유가 광택을 잃기 때문이다.

과일향이 강한 원두나
내추럴 방식으로 가공된 원두로
플랫 화이트를 만들어보자.
이런 원두가 우유와 만나면
딸기 밀크셰이크를 연상시키는 풍미를 낸다.

브리브(Breve)

추출도구: **에스프레소 머신**   유제품: **우유**   온도: **뜨겁게**   분량: **두 잔**

브리브는 카페라떼를 미국식으로 변형한 것이다. 에스프레소를 기본으로 하는 것은 똑같지만, 우유의 양을 절반으로 줄이고 나머지를 싱글크림으로 채운다. 싱글크림은 지방 함량이 15퍼센트 정도인 것이 가장 좋다. 달콤하고 부드러운 브리브는 디저트로도 안성맞춤이다.

준비물

장비
중간 크기 글라스 또는 커피잔 2개
에스프레소 머신
스팀피처

재료
곱게 간 원두 16~20그램
우유 60밀리리터
싱글크림 60밀리리터

1 머신에 올려놓거나 뜨거운 물을 부어 글라스 또는 커피잔을 데운다. 48~49페이지에서 설명한 방법대로 에스프레소를 한 잔에 한 샷씩(25밀리리터) 내린다.

TIP
크림으로 스티밍을 하는 느낌은 우유거품을 만들 때와 사뭇 다르다. 우유와 크림을 반씩 섞어 거품을 내면 우유만 쓸 때보다 소리는 더 요란하면서 거품은 덜 올라온다.

브리브는 원래 '간단하다(Brief)' 혹은
'짧다(Short)'는 뜻의 이탈리아어다.
싱글크림이 들어간 덕분에 거품은 부드러우면서
음료에서는 되직한 느낌이 난다.

2 우유와 크림을 섞고 약 60~65℃로 스티밍한다. 피처 바닥이 맨손으로 만질 수 없을 정도로 뜨거워졌을 때 멈추면 된다(52~55페이지 참조).

3 데운 우유와 크림을 에스프레소 위에 붓는다. 크레마와 두꺼운 거품층이 잘 섞이게 한다.

마키아토(Macchiato)

추출도구: **에스프레소 머신**   유제품: **우유**   온도: **뜨겁게**   분량: **두 잔**

또 하나의 이탈리아 대표 메뉴인 마키아토의 이름은 에스프레소에 우유거품의 흔적을 남기는(mark, 이탈리아어로 macchiare) 전통에서 유래했다. 이렇게 우유거품으로 살짝 흔적만 내면 에스프레소 샷에 약간의 달콤함을 가미할 수 있다. 카페 마키아토 혹은 에스프레소 마키아토라고도 한다.

준비물

장비
데미타스 잔 2개
에스프레소 머신
스팀피처

재료
곱게 간 원두 16~20그램
우유 100밀리리터

1 머신에 올려놓거나 뜨거운 물을 부어 잔을 데운
다. 48~49페이지에서 설명한 방법대로 에스프
레소를 한 잔에 한 샷씩(25밀리리터) 내린다.

TIP
이탈리아의 정통 마키아토는 에스프
레소와 우유거품, 딱 두 가지로만 만
들지만, 스티밍하면서 자연스럽게 만
들어지는 따뜻한 우유를 약간 첨가하
는 곳도 많다.

진짜 이탈리아식 마키아토에는
우유거품이 딱 손톱만큼만 들어간다.
달콤한 기운만 살짝 주는 것이다.

2 우유를 약 60~65℃로 스티밍한다(52~55 페이지 참조). 온도계로 온도를 재거나 피처 바닥이 맨손으로 만질 수 없을 정도로 뜨거워졌을 때 멈춘다.

3 스푼을 이용해서 에스프레소 위에 우유거품만 1~2티스푼 정도 살포시 얹어 내간다.

카페모카

추출도구: **에스프레소 머신**   유제품: **우유**   온도: **뜨겁게**   분량: **두 잔**

커피와 다크초콜릿은 오랜 단짝이다. 조각내거나 얇게 저민 초콜릿 혹은 집에서 만들거나 가게에서 산 초콜릿 소스를 카페라떼나 카푸치노에 더하면 달콤하면서도 진한 새로운 음료가 탄생한다.

준비물

장비
큰 글라스 2개
스팀피처
에스프레소 머신
작은 저그컵

재료
다크초콜릿 소스 4테이블스푼
우유 400밀리리터
곱게 간 원두 32~40그램

2 스팀으로 약 60~65℃가 될 때까지 혹은 피처 바닥이 맨손으로 만질 수 없을 정도로 뜨거워졌을 때까지 우유를 데운다(52~55페이지 참조). 거품층이 1센티미터 정도 생성되도록 공기를 충분히 넣는다.

1 초콜릿 소스를 계량해 글라스에 붓는다.

TIP

당장 집에 초콜릿 소스가 없을 때는 제과용 다크초콜릿 몇 조각이나 핫초콜릿 믹스 파우더 몇 테이블스푼으로 대체하면 된다. 먼저 우유 몇 방울을 떨어뜨려 잘 개어놓아야 나중에 지저분하게 덩어리지지 않는다.

3 데운 우유를 초콜릿 소스 위에 붓는다. 두 층의 색깔이 선명하게 대비되는 것을 볼 수 있다.

대부분 다크초콜릿으로
카페모카를 만들지만
밀크초콜릿을 사용하거나
밀크와 다크 두 가지를 섞으면
단맛을 한층 강조할 수 있다.

4 48~49페이지에서 설명한 방법대로 따로 준비한 작은 저그컵에 에스프레소 더블샷(50밀리리터)을 내린다. 이것을 우유거품 가운데를 겨냥해서 글라스에 붓는다.

5 에스프레소가 따뜻한 우유에 녹아 들어가고 있을 때 음료를 내간다. 긴 스푼으로 몇 번 저어주면 층이 더 잘 섞인다.

카페오레

 추출도구: **브루어**   유제품: **우유**   온도: **뜨겁게**   분량: **한 잔**

프랑스에서는 아침마다 커피에 우유를 넣어 마시는 것이 오랜 전통이다. 이때 커피잔으로는 손잡이가 없는 보울을 사용하는데, 바게트를 살짝 담글 수 있을 정도로 커야 한다. 쌀쌀한 아침에 양손으로 보울을 감싸 쥐고 따뜻한 카페오레를 마시면 온 몸이 사르르 녹는다.

준비물

장비
드리퍼 세트 또는 필터 여과기
작은 소스팬
큰 보울

재료
진하게 내린 여과 커피 180밀리리터
우유 180밀리리터

1 드리퍼 세트나 필터 여과기를 이용해서 커피를 내린다(146~155페이지 참조).

알맞은 원두 고르기

카페오레를 제대로 즐기려면 진하게 볶은 원두를 사용한다. 프랑스에서는 표면에 오일이 자르르 감돌고 달콤쌉쌀한 맛이 날 정도로 원두를 볶는다. 이렇게 볶은 원두는 달콤한 우유가 많이 들어가는 메뉴에 가장 잘 어울린다.

TIP
카페오레를 만들 때는 왠지 프렌치프레스(146페이지 참조)를 사용해야 할 것 같지만, 정작 프랑스에서는 모카포트(151페이지 참조)를 쓰는 사람이 더 많다. 더 진한 커피를 만들 수 있기 때문이다.

가스불에 천천히 데운 달콤한 우유와
강하게 볶은 원두로 내린 커피는
환상적인 조화를 이룬다.

TIP

카페오레에 빵을 찍어 먹고 싶을 때 굳
이 바게트를 고집할 필요는 없다. 잘 어
울리기만 한다면 파슬파슬한 크루아
상이나 뺑오쇼콜라도 나쁘지 않다.

2 우유를 소스팬에 붓고 중불에 올
린다. 60~65℃까지 약 3~4분 동
안 천천히 데운다.

3 커피를 보울에 붓는다. 여기에 따뜻한
우유를 더하면 완성이다.

에스프레소 콘 파냐

추출도구: **에스프레소 머신** | 유제품: **크림** | 온도: **뜨겁게** | 분량: **한 잔**

콘 파냐(con panna)란 이탈리아어로 '크림과 함께'라는 뜻이다. 감미로운 휘핑크림은 카푸치노든, 카페라떼든, 카페모카든 어느 음료에 올려도 잘 어울린다. 보기에도 멋지고 음료에 벨벳 같은 고급스런 부드러움을 입히는 효과도 낸다.

준비물

장비
데미타스 잔 또는 글라스
에스프레소 머신
휘핑기

재료
곱게 간 원두 16~20그램
싱글크림, 기호에 따라 감미료를 첨가한다.

1 머신에 올려놓거나 뜨거운 물을 부어 잔 또는 글라스를 데운다. 48~49페이지에서 설명한 방법대로 에스프레소 더블샷(50밀리리터)을 내린다.

TIP

더 연한 맛을 원한다면 크림이 딱딱해지기 전에 형태가 무너지지 않을 정도로만 휘핑하고 크레마 위에 살포시 얹는다. 그러면 마실 때 입안에서 에스프레소와 크림이 섞이면서 커피가 희석된다.

커피에 크림을 더하는 것은
이탈리아만의 트레이드마크가 아니다.
오스트리아 빈에서도 카푸치노에 휘핑크림을 수북하게 얹어
마시는 모습을 종종 볼 수 있다.

2 크림을 작은 보울에 담고 휘핑기를 들
었을 때 거품이 꼿꼿하게 매달려 있을
때까지 휘핑기로 몇 분 동안 휘젓는다.

3 스푼을 이용해서 휘핑크림 1테이블스
푼을 에스프레소 위에 얹는다. 접시
에 스푼을 곁들여 커피를 내간다.

리스트레토(Ristretto)와 룽고(Lungo)

 추출도구: **에스프레소 머신**   유제품: **사용하지 않음**   온도: **뜨겁게**   분량: **두 잔**

보통의 에스프레소 대신 리스트레토나 룽고를 시도해보면 어떨까. 추출 시간을 줄이거나 늘려 커피가루를 통과하는 물의 양을 조절하기만 하면 된다. 추출을 짧게 끝내거나 커피 성분이 더 많이 흘러나오도록 조금 더 길게 추출한다.

준비물

장비
에스프레소 머신
샷 글라스 또는 데미타스 잔 2개

재료
한 샷당 곱게 간 원두 16~20그램

리스트레토

리스트레토는 커피 상급자를 위한 에스프레소 음료다. 커피 본연의 강하고 오래 남는 여운을 음미하려고 마시는 것이다.

1 48~49페이지에서 설명한 방법 대로 에스프레소를 한 잔에 한 샷씩 내린다.

2 각 잔에 약 15~20밀리리터가 추출되었을 때 (약 15~20초) 추출을 멈춘다. 그러면 농밀한 질감과 향미를 지닌 소량의 커피액이 만들어진다.

TIP

더 곱게 간 원두를 사용하면 짧게 추출하더라도 커피 성분이 많이 용출되게 할 수 있다. 단, 이 경우에 맛이 심하게 써진다는 점은 감안해야 한다.

이탈리아어로 리스트레토는 '제한한다(Restrict)'는 뜻이고
룽고는 '길다(Long)'는 뜻이다.
예상 외로, 카페인 함량은 룽고보다 리스트레토가 더 적다.

룽고

룽고는 말하자면 약간 묽은 에스프레소다. 보통 에스프레소보다 물의 양이 조금 더 많다.

1 48~49페이지에서 설명한 방법대로 에스프레소를 한 잔에 한 샷씩 내린다.

2 25밀리리터(25~30초) 지점에서 스위치를 끄는 대신, 50~90밀리리터 사이에서 각자 원하는 양이 각 잔에 추출되었을 때 추출을 멈춘다. 더 많은 양의 물이 커피가루를 통과하게 두면 더 연하고 바디감이 가벼우면서 떫은맛이 강한 에스프레소가 만들어진다.

TIP

90밀리리터 용량의 데미타스 잔이나 샷 글라스를 사용하면 정확한 추출량을 봐가면서 물줄기를 언제 끊을지 결정할 수 있다. 성분이 과량으로 추출되어 커피맛을 해치는 사태도 막고 말이다.

아메리카노

추출도구: **에스프레소 머신**   유제품: **사용하지 않음**   온도: **뜨겁게**   분량: **한 잔**

제2차 세계대전 당시, 유럽에 파병된 미군들에게 현지의 에스프레소는 너무 진했다. 그래서 그들은 에스프레소 샷에 뜨거운 물을 부어 마셨고 이렇게 아메리카노가 탄생했다. 양은 여과 커피와 비슷하지만 에스프레소의 향을 간직하고 있다는 것이 아메리카노의 특징이다.

준비물

장비
중간 크기 커피잔
에스프레소 머신

재료
곱게 간 원두 16~20그램

1 머신에 올려놓거나 뜨거운 물을 부어 잔을 데운다. 48~49페이지에서 설명한 방법대로 에스프레소 더블샷(50밀리리터)을 내린다.

TIP

반대로 에스프레소 더블샷 50밀리리터가 들어갈 공간만 남겨놓고 뜨거운 물을 먼저 부어놓은 커피잔에 에스프레소를 붓는 방법이 있다. 그러면 크레마의 형태가 유지되기 때문에 먹음직스럽게 보인다.

아메리카노는 에스프레소에 있는
오일의 질감과 용출 성분을 그대로 간직하면서
여과 커피와 비슷한 느낌을 낸다.

2 에스프레소에 끓인 물을 원하는 양만
큼 붓는다. 커피와 물의 정해진 비율은
없지만 처음에는 1 대 4 정도로 맞추고 입맛
대로 물을 더한다.

3 기호에 따라 스푼으로 크레마를 걷어내도 된
다. 어떤 사람은 커피맛이 깔끔하고 덜 쓰다며
크레마를 버리는 것을 선호한다. 크레마를 걷어내는
시점은 물을 붓기 전이든 후이든 상관없다.

로마노(Romano)

추출도구: 에스프레소 머신   유제품: **사용하지 않음**   온도: **뜨겁게**   분량: **한 잔**

재료를 많이 쓰지 않고도 간단하게 에스프레소 한 잔을 완전히 색다른 음료로 탈바꿈시킬 수 있다. 비결은 바로 레몬 껍질이다. 에스프레소에 레몬 껍질을 담그면 커피에 상큼함을 덧입힐 수 있다. 로마노는 오래전부터 사랑을 받아온 메뉴다.

에스프레소 ——

데미타스 잔

1 48~49페이지에서 설명한 방법대로 **에스프레소 더블샷**(50밀리리터)을 내린다.

2 샤넬 나이프나 제스터로 **레몬 1개**를 돌려 깎아 껍질을 벗긴다.

3 레몬 껍질을 데미타스 잔 테두리에 문질러 바른 다음에 적당히 걸쳐 놓는다.

데메라라 설탕을 타서 단맛을 더한 뒤에 바로 내간다.

레드 아이(Red Eye)

추출도구: 브루어와 에스프레소 머신   유제품: **사용하지 않음**   온도: **뜨겁게**   분량: **한 잔**

아침에 유독 몸이 무겁거나, 하루 종일 버티기 위해 카페인이 절실한 날에는 레드 아이를 시도해보자. 이 메뉴는 엄청난 카페인 함량 덕분에 '알람시계'라는 애칭으로도 불린다.

에스프레소 ——

여과 커피 ——

큰 머그

1 **중간 굵기로 분쇄한 원두 12그램**을 사용해 프렌치프레스(146페이지 참조) 또는 에어로프레스(149페이지 참조) 혹은 집에 있는 커피메이커로 커피를 내린다. 여과한 커피 200밀리리터를 머그에 담는다.

2 48~49페이지에서 설명한 방법대로 **에스프레소 더블샷**(50밀리리터)을 따로 준비한 잔에 내린다.

에스프레소를 여과 커피 위에 붓자마자 바로 내간다.

쿠바노(Cubano)

추출도구: **에스프레소 머신**   유제품: **사용하지 않음**   온도: **뜨겁게**   분량: **한 잔**

쿠바 샷 혹은 카페시토(cafecito)라고도 한다. 쿠바에 가면 사람들이 달달한 에스프레소 샷을 즐기는 모습을 흔히 볼 수 있다. 에스프레소 머신을 사용하긴 하지만 설탕을 섞기 때문에 달콤하고 부드러운 커피가 만들어진다. 쿠바노를 기본으로 해서 여러 가지 커피 칵테일을 만들 수 있다.

설탕
에스프레소

데미타스 잔

1   **에스프레소용으로 분쇄한 원두 14~18그램에 데메라라 설탕 2티스푼을** 섞어 포터필터 바스켓에 담는다. 포터필터를 머신에 장착한다(48페이지의 설명 참조).

2   데미타스 잔의 절반 정도가 찰 때까지 커피와 설탕을 함께 추출한다.

커피를 내리자마자 바로 내간다. 이 음료를 칵테일의 기본 재료로 사용해도 좋다(212~217페이지 참조).

새시 멀래시즈(Sassy Molasses)

추출도구: **에스프레소 머신**   유제품: **사용하지 않음**   온도: **뜨겁게**   분량: **한 잔**

사사프라스(sassafras)는 북미 동부와 아시아 동부에 서식하는 과실수다. 이 나무의 껍질을 우린 추출액이 흔히 루트 비어(root beer)의 맛을 내는 데 사용된다. 커피 메뉴에 응용할 때는 사프롤(safrole) 성분을 제거한 사사프라스 추출액을 선택한다.

사사프라스를
첨가한 당밀
에스프레소

데미타스 잔

1   데미타스 잔에 **당밀 1티스푼을** 넣는다.

2   48~49페이지에서 설명한 방법대로 **에스프레소 더블샷 (50밀리리터)을** 당밀이 들어 있는 잔에 내린다.

이 에스프레소에 사사프라스 뿌리 추출액을 5방울 떨어뜨리고 바로 스푼과 함께 내간다.

카페투바
이 커피 음료는 세네갈 안팎에서 점점 유명세를 타고 있다.

카페투바 (Caffè Touba) 세네갈식 커피

추출도구: **브루어**　　유제품: **사용하지 않음**　　온도: **뜨겁게**　　분량: **네 잔**

카페투바는 성지인 투바의 이름을 딴 매콤한 세네갈식 커피. 애초에 생두 단계에서 절구로 으깬 후추와 향신료를 섞어 로스팅한 다음에 융 필터에 담고 물을 부어 여과한다. 여기에 설탕을 넣어 달게 마셔도 된다.

향신료를
섞어 여과한
커피

큰 머그

1 볶음냄비에 **생두 60그램**과 **셀림 후추가루 1티스푼, 정향 1티스푼**을 넣고 중불에서 볶는다. 계속 저어준다.

2 원두가 원하는 배전도로 볶아지면(36~37페이지 참조) 원두를 덜어내어 자주 저어가며 차게 식힌다.

3 원두와 향신료를 절구에 함께 넣고 곱게 으깬다. 이 가루를 융 필터(148페이지 참조)에 담고 필터를 주전자 위쪽에 고정한다. 여기에 **끓는 물 500밀리리터**를 붓는다.

여과된 커피에 설탕을 타서 단맛을 내고 머그에 나누어 따른 뒤 대접한다.

스칸디나비아식 커피 (Scandinavian coffee)

추출도구: **브루어**　　유제품: **사용하지 않음**　　온도: **따뜻하게**　　분량: **네 잔**

커피를 우리는 과정에서 달걀을 넣는다는 이야기는 많은 이에게 금시초문일 것이다. 하지만 달걀의 단백질이 커피의 시고 쓴맛을 확 잡아주기 때문에 종이 필터를 쓰지 않는 여과 커피의 바디감은 그대로이면서 상당히 부드러운 맛을 느낄 수 있다.

커피가루와
달걀을 섞어
우려낸 커피

큰 머그

1 **굵게 분쇄한 원두 60그램**에 **달걀 1개**와 **냉수 60밀리리터**를 넣어 잘 갠다.

2 소스팬에 **물 1리터**를 붓고 불에 올린다. 물이 끓으면 질척한 커피가루 반죽을 넣고 천천히 저어준다.

3 끓기 시작하면 3분간 더 끓인 다음에 불에서 내린다. 여기에 **냉수 100밀리리터**를 더 붓고 건더기가 바닥에 가라앉을 때까지 기다린다.

촘촘한 체나 면보를 대고 커피를 따라 거른 다음 머그에 나누어 담아 내간다.

부나 (Buna) 에티오피아 커피 의식

 추출도구: **브루어**   유제품: **사용하지 않음**   온도: **뜨겁게**   분량: **열 잔**

에티오피아에서는 가족이나 친구들이 모일 때마다 의례적으로 전통 방식으로 우려낸 '부나'라는 커피를 마신다. 생두를 볶는 동안 숯에 유향을 섞어 태우고 우린 커피를 '제베나(jebena)'라는 전통 주전자에 담아 대접하는 것이 특징이다. 커피가루를 세 번 우리기 때문에, 한 자리에서 세 가지 커피맛을 즐길 수 있다.

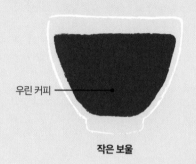

우린 커피

작은 보울

1 생두 100그램을 팬에 넣고 중불에서 볶는다. 윤기가 좔좔 흐르는 검은색 원두가 될 때까지 잘 저어가며 볶는다. 다 볶은 원두를 절구에 넣어 잘게 빻는다.

2 물 1리터를 제베나 혹은 소스팬에 붓고 중불에서 데운다. 물이 끓으면 커피가루를 넣고 잘 젓는다. 5분 정도 커피를 우린다.

처음 우린 커피를 작은 보울 10개에 나누어 담는다. 커피가루가 들어가지 않도록 주의한다. 손님들이 첫 번째 커피를 마시는 동안 제베나에 **물 1리터**를 다시 붓고 끓인다. 이렇게 우려낸 커피를 2차로 대접한다. 마지막으로 **물 1리터**를 다시 붓고 똑같은 과정을 반복한다. 이때 가장 연한 커피가 만들어진다.

아임 유어 허클베리 (I'm Your Huckleberry)

 추출도구: **브루어**   유제품: **사용하지 않음**   온도: **뜨겁게**   분량: **한 잔**

아이다호 주의 특산물인 허클베리는 겉모습과 맛이 블루베리와 매우 흡사하다. 아이다호는 사과 재배지로도 유명하기 때문에, 이곳에서 마시는 커피에서는 무슨 이유에선지 사과의 향이 은은하게 느껴진다. 그런 의미에서 아이다호가 그리울 때 커피에 사과향을 가미하는 것도 나쁘지 않아 보인다.

사과 향료

허클베리 향료

여과 커피

중간 크기 글라스

1 드리퍼(147페이지 참조)나 다른 추출도구를 사용해서 **사과 몇 조각을 넣고 커피 250밀리리터**를 추출한다. 드리퍼를 사용할 때는 커피가루 사이에 사과를 꽂아 넣고 그 위에 물을 붓는다. 프렌치프레스(146페이지 참조)로 커피를 내린다면, 프렌치프레스 통에 커피가루와 사과를 함께 넣고 그 위에 물을 붓는다.

2 우려낸 커피를 머그에 담고 **허클베리 향료 25밀리리터**와 **사과 향료 1테이블스푼**을 첨가한다.

라임 껍질과 **사과 조각**으로 장식한다. **심플 시럽**으로 달콤함을 더하면 완성이다.

카페드올라(Caffè de Olla) 멕시코식 커피

 추출도구: **브루어**   유제품: **사용하지 않음**   온도: **뜨겁게**   분량: **한 잔**

멕시코 전통 도자기 주전자 '올라(olla)'로 우려낸 커피에서는 흙내음이 난다. 집에 올라가 없더라도 괜찮다. 커피가루의 질감과 원두에서 배어나는 오일의 양을 잘 조절하면 일반 소스팬으로도 비슷하게 묵직한 바디감을 낼 수 있다.

설탕을 탄
시나몬 커피

도기 머그

1 소스팬에 **물 500밀리리터**, **시나몬 스틱 두 개**와 **흑설탕 50그램**을 넣고 중불에서 데운다. 설탕이 다 녹을 때까지 일정하게 저으면서 뭉근하게 끓인다.

2 팬을 불에서 내리고 뚜껑을 닫아 5분 동안 그대로 둔다. 그런 뒤에 중간 굵기로 분쇄한 **원두 30그램**을 넣고 5분 더 우린다. 머그에 촘촘한 체나 면보를 대고 커피를 부어 거른다.

시나몬 스틱을 곁들여 내간다. 장식적인 효과가 있을 뿐만 아니라 시나몬향을 더 깊이 느낄 수 있다.

터키식 커피(Turkish Coffee)

 추출도구: **브루어**   유제품: **사용하지 않음**   온도: **뜨겁게**   분량: **네 잔**

터키식 커피는 '이브리크' 혹은 '체즈베', '브리키'(155페이지 참조)라는 긴 손잡이가 달린 터키 전통 주전자로 만든다. 마실 때는 작은 데미타스 잔에 부어 마시는데, 바닥에는 커피가루가 쌓이고 위에는 거품이 한층 드리운 것이 특징이다.

우려낸 커피와
커피가루

데미타스 잔

1 이브리크 혹은 소스팬에 **물 120밀리리터**와 **설탕 2테이블스푼**을 넣고 중불에서 데운다.

2 물이 끓으면 이브리크를 불에서 내려 **아주 곱게 분쇄한 커피가루 4테이블스푼**을 넣는다. 여기에 **소두구**, **시나몬**, **육두구** 등 원하는 **향신료**를 넣고 잘 저어주면서 녹인다.

3 155페이지에서 설명한 방법대로 커피를 우린다. 준비한 잔 4개에 거품을 조금씩 담고 거품이 꺼지지 않도록 주의하면서 커피를 천천히 붓는다.

커피가루가 가라앉도록 몇 분 정도 기다렸다가 내간다. 잔 바닥에 커피가루가 보이기 시작하면 그만 마신다.

마다 알레이
인도 서부 마하라슈트라 지방의 마라티 족의
풍습에서 영감을 받아 탄생했다.

마다 알레이(Madha Alay)

 추출도구: 브루어　　유제품: 사용하지 않음　　온도: 뜨겁게　　분량: 두 잔

생강, 꿀, 레몬이 환상적으로 어우러지는 마다 알레이는 감기 기운이 있을 때 특효다. 그뿐만 아니라 위스키를 약간 넣어도 잘 어울린다. 커피를 스토브톱포트(151페이지 참조)로 추출하면 작은 글라스로 딱 두 잔 분량이 나온다.

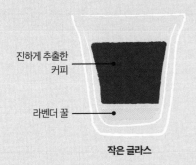

진하게 추출한 커피

라벤더 꿀

작은 글라스

1 151페이지의 설명에 따라 300밀리리터 용량의 모카포트를 사용해서 **굵게 간 커피가루 32그램**을 우려낸다.

2 각 글라스에 **라벤더 꿀 1테이블스푼**씩 담고, **다진 생강 1센티미터**와 **레몬 반 개의 껍질**을 적당히 나누어 담는다.

3 **물 250밀리리터**를 끓인다. 글라스의 절반 높이까지만 끓인 물을 붓는다. 1분 동안 그대로 두어 꿀과 생강, 레몬의 향이 우러나게 한다.

마지막에 각 글라스에 갓 추출한 커피 75밀리리터를 붓고 꿀이 잘 섞이도록 몇 번 저어준 뒤에 스푼과 함께 내간다.

코피 자흐(Kopi Jahe) 인도네시아식 커피

 추출도구: 브루어　　유제품: **사용하지 않음**　　온도: **따뜻하게**　　분량: **여섯 잔**

인도네시아에서는 커피가루에 생강과 설탕을 함께 넣고 끓인 강렬한 향의 코피 자흐를 마신다. '코피 자흐'라는 이름 자체가 인도네시아 공용어로 생강 커피라는 뜻이다. 생강과 함께 계피나 정향 같은 향신료를 첨가하기도 한다.

달콤한 생강 커피

큰 커피잔

1 소스팬에 중간 굵기로 분쇄한 원두가루 6테이블스푼에 물 1.5리터를 붓는다. 여기에 **7.5센티미터 크기의 생강 뿌리**를 다져 넣고 마지막으로 **종려당**(야자나무 수액을 굳힌 것) **100그램**을 넣는다. 기호에 따라 **시나몬 스틱 두 개**나 **정향 세 조각**을 함께 넣어도 좋다. 이것을 중불에서 데우다가 끓기 시작하면 불을 줄이고 종려당이 다 녹을 때까지 저어주면서 졸인다.

2 생강맛이 적당히 우러났을 때쯤 팬을 불에서 내린다. 5분 정도가 적당하다.

면보에 대고 커피를 따라 거르고 잔 여섯 개에 나누어 담아 바로 내간다.

바닐라 워머(Vanilla Warmer)

추출도구: 브루어 　 유제품: 사용하지 않음 　 온도: 뜨겁게 　 분량: 두 잔

늘 마시던 커피에 변화를 주고 싶을 땐 바닐라 하나만으로도 놀라운 차이를 만들 수 있다. 전체 꼬투리, 파우더, 시럽, 에센스, 리큐르 등 다양한 형태의 바닐라를 이용할 수 있는데, 이번에는 바닐라 꼬투리를 사용한다.

바닐라를
넣고 내린
커피

큰 머그

1 바닐라 꼬투리 두 개를 가운데를 갈라 벌린 다음 소스팬에 넣고 **물 500밀리리터**를 부은 뒤 중불에서 데운다. 물이 끓으면 불에서 내리고 바닐라 꼬투리를 건져내어 따로 둔다. 여기에 굵게 분쇄한 **원두 30그램**을 넣는다. 뚜껑을 덮고 커피가 우러나도록 5분 동안 기다린다.

2 기다리는 동안 제과용 붓으로 머그 두 개의 안쪽 면에 **바닐라 향료 1테이블스푼**을 골고루 바른다.

충분히 우러난 커피를 면보에 대고 걸러 머그에 담는다. 여기에 아까 건져낸 바닐라 꼬투리를 넣고 손님에게 대접한다.

사이폰 스파이스(Syphon Spice)

 추출도구: 브루어 　 유제품: 사용하지 않음 　 온도: 뜨겁게 　 분량: 세 잔

커피가루에 향신료를 섞어 우릴 때는 사이폰(150페이지 참조)이 딱이다. 향신료는 알갱이를 그대로 넣어도 되고 갈아서 써도 된다. 단, 향신료를 첨가한 커피를 사이폰으로 만들 경우에는 종이 필터나 금속 필터를 사용하는 것이 좋다. 융 필터를 사용하면 다음에 커피만 우릴 때 향신료 냄새가 배어나올 수도 있기 때문이다.

향신료를
섞어 내린
커피

중간 크기 커피잔

1 커피 세 잔 혹은 360밀리리터를 내릴 수 있는 사이폰의 아래 플라스크에 **정향 두 조각**과 **올스파이스 세 조각**을 넣는다. 여기에 **물 300밀리리터**를 붓는다.

2 중간 굵기로 분쇄한 **원두 15그램**에 **육두구 4분의 1티스푼**을 섞어 준비하고, 끓는 물이 위 플라스크로 올라오면 그때 여기에 커피가루를 넣는다. 커피와 육두구가 충분히 우러나도록 1분 정도 두었다가 불을 끈다. 우러난 커피가 아래로 빠져 내려가는 모습을 지켜본다.

완성된 커피를 세 잔에 나누어 담는다.

캘커타 커피(Calcutta Coffee)

 추출도구: **브루어**   유제품: **사용하지 않음**   온도: **뜨겁게**   분량: **네 잔**

오래전부터 세계 곳곳에서 흔히 커피 대신 치커리 뿌리를 볶은 뒤 갈아서 물에 끓여 마셨다. 치커리로 만든 커피에 메이스가루와 사프란 몇 가닥을 곁들이면 이국의 향취에 흠뻑 젖을 수 있다.

향신료를
첨가해
우려낸 커피

중간 크기 머그

1 물 1리터를 소스팬에 붓는다. 여기에 **메이스가루 1티스푼**과 **사프란 몇 가닥**을 더하고 중불에서 데운다.

2 물이 끓으면 불을 끄고 **중간 굵기로 분쇄한 원두 40그램**과 중간 굵기로 가루 낸 치커리 20그램을 넣는다. 뚜껑을 덮고 5분 동안 그대로 둔다.

적당히 큰 그릇에 종이필터를 대고 커피를 거른다. 이 커피를 머그에 골고루 나누어 담으면 완성이다.

카이저 멜란지(Kaiser Melange) 오스트리아식 커피

 추출도구: **에스프레소 머신**   유제품: **휘핑크림**   온도: **뜨겁게**   분량: **한 잔**

이 오스트리아식 커피는 달걀노른자가 들어간다는 점에서 스칸디나비아식 커피와 비슷하다. 꿀과 달걀노른자 덕분에 에스프레소가 입안에서 훨씬 풍만하게 느껴진다. 취향에 따라 브랜디를 조금 섞으면 커피의 향미가 한층 풍부해진다.

휘핑크림

꿀과 달걀을
섞은 것

에스프레소

작은 글라스

1 48~49페이지에서 설명한 방법대로 글라스에 **에스프레소 싱글샷(25밀리리터)**을 추출한다. 원한다면 여기에 브랜디 25밀리리터를 첨가해도 좋다.

2 작은 보울에 **달걀노른자 1개**를 넣고 **꿀 1티스푼**을 첨가해 잘 섞는다. 이것을 바닥에 가라앉지 않도록 주의하면서 에스프레소 위에 살살 붓는다.

위에 **휘핑크림 1테이블스푼**을 얹어 내간다.

코코넛 에그 커피(Coconut-Egg Coffee)

 추출도구: **브루어**　　유제품: **사용하지 않음**　　온도: **뜨겁게**　　분량: **한 잔**

코코넛 에그 커피는 달걀을 넣는 베트남식 커피와 비슷하지만 연유 대신 코코넛크림을 사용한다는 차이점이 있다. 코코넛크림을 넣으면 새로운 차원의 맛이 날 뿐만 아니라 우유를 못 먹는 사람도 만족시킬 수 있다.

코코넛크림과
달걀을 섞은 것

여과 커피

중간 크기 글라스

1 핀(154페이지 참조)을 이용해서 **커피 120밀리리터**를 추출한다. 핀이 없으면 프렌치프레스 (146페이지 참조)를 써도 된다. 커피를 글라스에 붓는다.

2 **달걀노른자 한 개**와 **코코넛크림 2티스푼**을 섞고 포실포실한 거품이 생길 때까지 휘핑기로 휘젓는다. 밑으로 가라앉지 않도록 거품을 스푼으로 한 술씩 조심스럽게 떠 담아 올린다.

데메라라 설탕을 넣어 단맛을 더한 뒤에 스푼과 함께 내간다.

허니 블로섬(Honey Blossom)

 추출도구: **에스프레소 머신**　　유제품: **우유**　　온도: **뜨겁게**　　분량: **한 잔**

꿀벌은 이런저런 꽃과 약초를 오가며 꿀을 채취한다. 그런 까닭에 벌이 분주히 오간 발자취가 벌꿀의 향에도 고스란히 남아 있다. 오렌지꽃도 꿀벌이 좋아하는 꿀단지 중 하나인데, 오렌지꽃을 물에 증류한 추출액을 커피에 더하면 향긋함이 가득한 색다른 커피 음료를 즐길 수 있다.

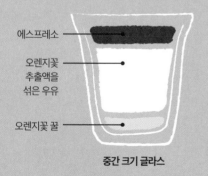

에스프레소

오렌지꽃
추출액을
섞은 우유

오렌지꽃 꿀

중간 크기 글라스

1 **우유 150밀리리터**를 스팀피처에 붓고 **오렌지꽃 추출액 1테이블스푼**을 첨가한다. 이것을 약 60~65℃로 혹은 피처 바닥이 맨손으로 만질 수 없을 정도로 뜨거워질 때까지 데운다 (52~55페이지 참조). 두께 1센티미터 정도의 거품층이 생기게 한다.

2 **오렌지꽃 꿀 1테이블스푼**을 글라스 바닥에 깔고 그 위에 데운 우유를 붓는다.

3 48~49페이지에서 설명한 방법대로 따로 준비한 잔에 **에스프레소 싱글샷(25밀리리터)**을 추출한다. 우유거품 가운데를 겨냥해서 에스프레소를 글라스에 붓는다.

스푼과 함께 내간다. 바닥의 꿀이 골고루 섞이도록 스푼으로 저어서 마시면 된다.

에그노그 라떼(Eggnog Latte)

추출도구: **에스프레소 머신**   유제품: **우유**   온도: **뜨겁게**   분량: **한 잔**

에그노그 라떼는 입맛을 돋우는 깊고 풍부한 맛이 나기 때문에 홀리데이 음료로 인기가 높다. 시중에서 파는 에그노그에는 날달걀이 들어가지 않는다. 만약 에그노그를 집에서 직접 만들 때는 신선한 달걀을 사용하고 달걀이 익을 정도로 우유 온도가 높아지지 않도록 주의한다.

에스프레소

에그노그와
우유를 섞은 것

중간 크기 커피잔 또는 글라스

1 에그노그 150밀리리터와 **우유 75밀리리터**를 소스팬에 붓고 계속 저어가며 중불에서 데운다. 끓지 않을 정도로만 데운다. 따뜻한 에그노그 우유를 잔이나 글라스에 붓는다.

2 48~49페이지에서 설명한 방법대로 따로 준비한 잔에 **에스프레소 더블샷(50밀리리터)**을 추출한다. 에스프레소를 에그노그 우유 위에 붓는다.

신선한 육두구를 갈아 음료 위에 뿌려 장식하면 완성이다.

두유 에그노그 라떼(Soya Eggnog Latte)

추출도구: **에스프레소 머신**   유제품: **두유**   온도: **뜨겁게**   분량: **한 잔**

한번쯤은 전통적인 에그노그 라떼 말고 두유와 두유로 만든 에그노그를 기본으로 하는 이 혼합 음료를 시도해보자. 여기에 브랜디나 버번을 첨가하면 어른을 위한 음료가 되고 육두구 대신 얇게 저민 초콜릿을 올려도 잘 어울린다.

두유로 만든
에그노그와
두유를 섞은 것

에스프레소

큰 커피잔

1 **두유로 만든 에그노그 100밀리리터**와 **두유 100밀리리터**를 소스팬에 붓고 중불에서 데운다. 끓이면 안 된다.

2 48~49페이지에서 설명한 방법대로 커피잔에 **에스프레소 더블샷(50밀리리터)**을 추출한다.

3 따뜻한 에그노그 두유를 에스프레소 위에 붓고 몇 번 저어준다.

취향에 따라 여기에 **브랜디**를 약간 첨가해도 좋다. 맨 위에 **육두구가루**를 솔솔 뿌린 뒤에 내간다.

아포가토(Affogato)

추출도구: 에스프레소 머신   유제품: 아이스크림   온도: 뜨겁게 그리고 차갑게   분량: 한 잔

에스프레소를 기본 재료로 쓰는 모든 음료를 통틀어 가장 간단하게 만들 수 있는 것이 바로 아포가토다. 진한 에스프레소에 푹 잠긴 아이스크림 한 스쿱이면 어떤 식사든 완벽하게 마무리해주는 디저트가 된다. 산뜻한 맛을 원하면 달걀이 들어가지 않은 바닐라 아이스크림을 사용한다. 다른 맛 아이스크림으로 다양하게 응용할 수 있다는 점도 매력적이다.

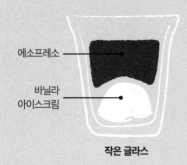

에소프레소
바닐라
아이스크림

작은 글라스

1 **바닐라 아이스크림 한 스쿱**을 글라스에 담는다. 전용 스푼을 이용해서 아이스크림을 공 모양으로 뜨면 더 예쁘게 만들 수 있다.

2 48~49페이지에서 설명한 방법대로 내린 **에스프레소 더블샷(50밀리리터)**을 아이스크림 위에 붓는다.

마지막에 디저트처럼 먹을 수 있도록 스푼과 함께 내가거나 그대로 아이스크림을 녹여가며 마시게 한다.

아몬드 아포가토(Almond Affogato)

추출도구: 에스프레소 머신   유제품: 아몬드밀크   온도: 뜨겁게 그리고 차갑게   분량: 한 잔

아몬드밀크는 유당분해효소가 없어 우유를 마실 수 없는 사람에게 훌륭한 대용품이다. 아몬드밀크와 아몬드밀크 아이스크림은 아몬드가루를 물에 갠 뒤에 감미료로 당도를 조절하면 끝이기 때문에 집에서도 쉽게 만들 수 있다. 방금 만든 아몬드밀크가 커피에 더해져 살아난 생생함을 한껏 즐겨보자.

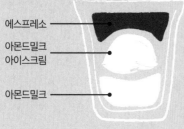

에스프레소
아몬드밀크
아이스크림
아몬드밀크

작은 글라스

1 **아몬드밀크 25밀리리터**를 작은 글라스에 붓는다. 그 위에 **아몬드밀크 아이스크림 한 스쿱**을 올린다.

2 48~49페이지에서 설명한 방법대로 따로 준비한 잔에 **에스프레소 싱글샷(25밀리리터)**을 내린다. 에스프레소를 아이스크림 위에 붓는다.

마지막에 **시나몬가루 2분의 1티스푼**과 **다진 아몬드 1티스푼**을 뿌려 장식한 뒤에 내간다.

아몬드 아포가토
우유 없이도 맛있는 아포가토를 만들 수 있다. 아몬드에 알레르기가 있다면, 라이스밀크와 라이스밀크 아이스크림으로 대체한다.

아몬드 무화과 라떼(Almond Fig Latte)

 추출도구: 브루어   유제품: 우유   온도: 뜨겁게   분량: 한 잔

무화과를 커피에 곁들이는 간식으로 먹는 사람은 많지만 음료의 재료로 쓰는 경우는 찾아보기 힘들다. 하지만 무화과가 아몬드에센스와 만나면 카페라떼의 그윽한 향에 놀라운 깊이를 선사한다.

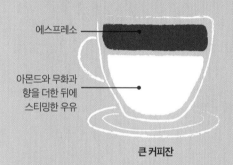

에스프레소

아몬드와 무화과
향을 더한 뒤에
스티밍한 우유

큰 커피잔

1 우유 250밀리리터를 부은 스팀피처에 **아몬드에센스 1티스푼**과 **무화과 향료 5방울**을 더한다. 우유를 약 60~65℃로 혹은 피처 바닥이 맨손으로 만질 수 없을 정도로 뜨거워질 때까지 데운다(52~55페이지 참조). 이것을 커피잔에 붓는다.

2 프렌치프레스(146페이지 참조)나 에어로프레스(149페이지 참조) 혹은 집에 있는 다른 추출도구로 커피 **100밀리리터**를 추출한다. 커피맛을 강조하고 싶을 때는 커피를 더 진하게 내리면 된다.

향을 낸 스티밍 우유에, 내린 커피를 부어서 내가면 된다.

모찌 아포가토(Mochi Affogato)

 추출도구: 에스프레소 머신   유제품: 코코넛밀크 아이스크림    온도: 뜨겁게   분량: 한 잔

일본에서는 찹쌀 반죽에 아이스크림 소를 넣은 찹쌀떡 아이스크림이 디저트로 인기 높다. 이 레시피에 따르면 찹쌀떡을 코코넛밀크로 만들기 때문에 유당분해효소 결핍증이 있는 사람도 안심하고 즐길 수 있다.

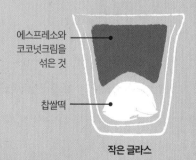

에스프레소와
코코넛크림을
섞은 것

찹쌀떡

작은 글라스

1 검은깨로 고소함을 더한 코코넛밀크 찹쌀떡 한 개를 글라스 바닥에 깐다.

2 48~49페이지에서 설명한 방법대로 다른 잔에 **에스프레소 더블샷(50밀리리터)**을 추출한다.

3 코코넛크림 **50밀리리터**를 에스프레소와 섞은 뒤에 찹쌀떡 위에 붓는다.

스푼과 함께 바로 내간다.

위안양 (Yuanyang) 홍콩식 커피

 추출도구: 브루어　　유제품: 연유　　온도: 뜨겁게　　 분량: 네 잔

상식적으로는 커피에 차를 섞어 마신다는 생각을 하기 어렵다. 그런데 사실 차가 들어가면 커피가 한결 부드러워지기 때문에 예상보다 훨씬 맛있다. 원래 이 음료는 노점상에서 팔던 길거리 음식이었다. 하지만 요즘은 홍콩의 어느 레스토랑에서나 인기리에 팔린다.

커피와 차를 섞은 것

중간 크기 글라스 또는 머그

1 1리터 용량의 큰 소스팬에 **홍찻잎 2테이블스푼**을 넣고 **물 250밀리리터**를 붓는다. 2분 동안 뭉근하게 끓인다.

2 소스팬을 불에서 내리고 찻잎을 건져 버린다. 여기에 **연유 250밀리리터**를 넣고 다시 불에 올려 2분 동안 끓인 다음 불을 끈다.

3 146페이지의 설명에 따라 프렌치프레스로 **커피 500밀리리터**를 추출한 뒤에 소스팬에 붓는다. 나무스푼으로 잘 저어 섞는다.

글라스나 머그 네 잔에 나누어 붓고 **설탕**을 적당히 탄 뒤에 내간다.

카페스어농 (Ca Phe Sua Nong) 베트남식 커피

 추출도구: 브루어　　 유제품: 연유　　온도: 뜨겁게　　분량: 한 잔

핀은 깔끔한 블랙커피를 쉽고 빠르게 만들기에 적합한 추출도구이지만, 핀 없이도 카페스어농을 만들 수 있다. 카페스어농은 바닥에 깔린 연유가 만들어내는 달콤한 맛과 부드러운 질감이 일품이다.

여과 커피

연유

작은 머그

1 **연유 2테이블스푼**을 머그 바닥에 깔아둔다. 핀 컵(154페이지 참조) 또는 드리퍼 필터(147페이지 참조)에 **중간 굵기로 분쇄한 원두 2테이블스푼**을 담는다. 핀 컵을 이리저리 톡톡 쳐서 커피가루 표면을 평평하게 만들고 그 위에 핀 필터를 끼운다.

2 **물 120밀리리터**를 끓인 뒤에 3분의 1만 필터 위에 붓는다. 그대로 1분 동안 두어 커피가루를 적당히 불린다. 그런 다음, 필터를 몇 번 돌려 여유 공간을 만들고 나머지 물을 마저 붓는다. 커피가 약 5분 만에 모두 여과되어야 한다.

스푼과 함께 내간다. 스푼으로 연유를 잘 섞어 마신다.

포트 오브 골드(Pot of Gold)

 추출도구: **브루어**　　🍶 유제품: **사용하지 않음**　　🌡️ 온도: **뜨겁게**　　📄 분량: **한 잔**

유당분해효소 결핍증이 있는 사람은 견과류나 씨앗류로 만든 밀크처럼 다양한 대용품을 활용할 수 있다. 포트 오브 골드에는 날달걀이 들어가기 때문에, 입안에서 더할 나위 없이 고급스러운 부드러움이 혀를 감싸 돈다. 유려한 금빛 커스터드 층에서 이름이 유래했다.

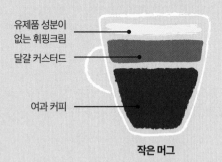

유제품 성분이
없는 휘핑크림

달걀 커스터드

여과 커피

작은 머그

1 151페이지의 설명에 따라 **스토브톱포트를 사용해서 커피 100밀리리터**를 진하게 우려낸다.

2 달걀 커스터드를 만든다. 먼저 **달걀 한 개**를 깨서 노른자만 분리한다. 작은 볼에 노른자를 담고 **유당이 들어 있지 않은 커스터드 2테이블스푼**을 넣어 섞는다. 여기에 커피 1티스푼을 첨가하고 마저 섞어준다.

커피를 머그에 붓고 그 위에 달걀 커스터드를 올린다. 마지막에 **유제품 성분이 없는 휘핑크림**을 얹는다. 기호에 따라 **바닐라설탕**을 뿌려도 좋다.

진저브레드 그로그(Gingerbread Grog)

 추출도구: **브루어**　　🍶 유제품: **싱글크림**　　🌡️ 온도: **뜨겁게**　　📄 분량: **여섯 잔**

쌀쌀한 밤에 풍성한 향을 음미하며 몸을 녹이고 싶을 때 추천한다. 진저브레드 그로그를 만들려면 시간이 좀 걸리지만 오래 기다릴 만한 가치가 충분히 있다. 버터와 설탕의 풍부한 식감이 다른 디저트 생각을 싹 잊게 하기 때문에 식후 입가심 음료로도 훌륭하다.

크림을 섞은
커피

큰 머그

1 **채 썬 레몬 껍질과 오렌지 껍질 동량**을 머그에 담는다.

2 프렌치프레스(146페이지 참조) 또는 전기 커피메이커(153페이지)를 이용해서 **커피 1.5리터**를 내린다.

3 커피를 다른 저그컵에 담고 여기에 **싱글크림 250밀리리터**를 섞는다. 이 혼합액을 과일껍질 위에 붓는다.

마지막에 **진저브레드 버터**(오른쪽 참조)를 한 티스푼씩 머그에 첨가한다. 버터가 녹도록 조금 두었다가 내간다.

진저브레드 그로그
진저브레드 버터를 만들려면, 실온에 두어 물렁해진 저염 버터 2테이블스푼에 황설탕 100그램, 가루 낸 올스파이스, 육두구, 시나몬, 정향 각각 4분의 1티스푼씩, 그리고 마지막으로 럼 에센스 2티스푼을 첨가해 잘 섞는다. 가향버터가 녹으면서 향신료가 우러나오면 음료 표면에 반짝이는 소용돌이 무늬가 생긴다.

마자그란(Mazagran) 포르투갈식 아이스 커피

추출도구: **에스프레소 머신**   유제품: **사용하지 않음**   온도: **차갑게**   분량: **한 잔**

포르투갈식 냉커피인 마자그란은 진하게 내린 커피나 에스프레소로 만든다. 레몬껍질로 장식하거나, 시럽을 넣거나, 럼을 첨가해 마시기도 한다.

에스프레소

각얼음

작은 글라스

1 **각얼음 3~4개와 레몬조각 1개**를 글라스에 담는다.

2 48~49페이지에서 설명한 방법대로 얼음 위에 **에스프레소 더블샷(50밀리리터)**을 바로 추출한다.

달게 마시고 싶을 땐 **설탕시럽**을 넣고 바로 내간다.

아이스 에스프레소(Ice Espresso)

추출도구: **에스프레소 머신**   유제품: **사용하지 않음**   온도: **차갑게**   분량: **한 잔**

에스프레소를 얼음 위에 바로 추출하는 것이 가장 빠른 방법이지만, 이렇게 하지 않고 칵테일처럼 흔들어 섞으면 탐스러운 거품을 만들 수 있다. 실험 삼아 백설탕, 황설탕, 흑설탕 등등 여러 가지 설탕을 넣어보고 맛의 차이를 음미하자.

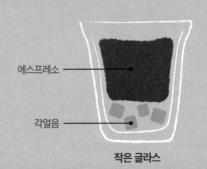

에스프레소

각얼음

작은 글라스

1 48~49페이지에서 설명한 방법대로 **에스프레소 더블샷(50밀리리터)**을 추출한다. 기호에 따라 여기에 설탕을 더해도 좋다.

2 에스프레소를 칵테일 셰이커에 넣고 **각얼음**을 가득 채운 뒤에 세게 흔들어 섞는다.

글라스 바닥에 **각얼음**을 적당히 넣고 그 위에 흔들어 섞은 커피만 걸러서 붓고, 이대로 내간다.

아이스 카스카라 커피(Iced Cascara Coffee)

 추출도구: **브루어**   유제품: **사용하지 않음**   온도: **차갑게**   분량: **한 잔**

보통은 커피나무 씨앗을 볶아 커피를 우리지만, 커피나무의 다른 부분으로도 음료를 만들 수 있다. 커피잎을 사용하는 쿠티(kuti)나 열매 껍질을 사용하는 호야(hoja), 커피체리를 사용하는 퀴셔(qishr)가 바로 그런 전통 음료들이다. 한편, 이 메뉴처럼 히비스커스와 비슷한 말린 커피체리, 즉 카스카라를 이용하는 방법도 있다.

커피 각얼음과
카스카라 각얼음

콜드브루 커피

중간 크기 글라스

1 먼저 카스카라 각얼음을 만들기 위해 **카스카라 차**를 우려낸다. 우려난 차를 얼음 트레이에 붓고 냉동실에 넣어 얼린다. 커피 각얼음도 **여과 커피**를 이용해서 똑같이 준비한다.

2 152페이지의 설명을 참조해서 콜드 드리퍼로 **콜드브루 커피 150밀리리터**를 내린다.

3 **카스카라 각얼음**과 **커피 각얼음**을 칵테일 셰이커에 넣는다. 여기에 콜드브루 커피를 붓고 **말린 카스카라 1티스푼**을 첨가한 뒤에 잘 흔들어 섞는다.

잘 섞인 음료를 글라스에 부어 바로 내간다.

루트 오브 올 굿(Root of All Good)

 추출도구: **브루어**   유제품: **사용하지 않음**   온도: **차갑게**   분량: **한 잔**

루트 비어와 커피는 찬 음료로 만났을 때 특히 잘 어울린다. 이 레시피에서는 루트 비어의 질감을 보완하고 당도를 높일 목적으로 우유 대신 코코넛크림을 사용한다.

콜드브루 커피

잘게 부순 얼음

코코넛크림

루트 비어 향료

중간 크기 글라스

1 152페이지의 설명을 참조해서 콜드브루 드리퍼로 **콜드브루 커피 150밀리리터**를 내린다.

2 **루트 비어 향료 50밀리리터**와 **코코넛크림 50밀리리터**를 글라스에 붓고 잘 섞는다.

여기에 **잘게 부순 얼음**을 넣고 그 위로 콜드브루 커피를 붓는다. 빨대를 꽂아 내간다.

스파클링 에스프레소(Sparkling Espresso)

추출도구: **에스프레소 머신**   유제품: **사용하지 않음**   온도: **차갑게**   분량: **한 잔**

에스프레소와 탄산수의 조합이 생소할지도 모르지만, 탄산이 만드는 미세거품은 말로 다 표현할 수 없이 청량하다. 탄산수와 커피를 갑자기 섞으면 거품이 솟구칠 수 있으니 주의한다.

탄산수
에스프레소
각얼음

작은 글라스

1 미리 글라스를 한 시간 정도 냉동실에 넣어놓는다.

2 48~49페이지에서 설명한 방법대로 따로 준비한 잔에 **에스프레소 더블샷(50밀리리터)**을 내린다. 냉동실에서 꺼낸 글라스에 **각얼음**을 담고 그 위에 에스프레소를 붓는다.

마지막으로 거품이 넘치지 않도록 주의하면서 **탄산수**를 천천히 부은 다음 내간다.

스노우 화이트(Snow white)

추출도구: **에스프레소 머신**   유제품: **사용하지 않음**   온도: **차갑게**   분량: **한 잔**

딸기와 감초라는 흔치 않은 향이 특별함을 더하는 이 냉음료에는 얼음이 많이 들어간다. 스노우 화이트라는 이름은 빨간색과 검은색의 강렬한 대비가 백설공주의 입술과 머리카락을 떠올린다는 데서 붙은 것이다.

설탕을 탄
에스프레소
각얼음

딸기 향료
감초 향료

중간 크기 텀블러

1 48~49페이지에서 설명한 방법대로 따로 준비한 잔에 **에스프레소 더블샷(50밀리리터)**을 내린다. 여기에 **백설탕 1티스푼**을 넣어 잘 녹인다. 에스프레소와 **각얼음**을 칵테일 셰이커에 넣고 세게 흔들어 섞는다.

2 텀블러에 **감초 향료 1테이블스푼**과 **딸기 향료 1테이블스푼**을 넣고 그 위에 각얼음을 쌓는다.

3 제일 위에 에스프레소만 걸러서 붓는다. 부드러운 느낌을 가미하려면 에스프레소를 붓기 직전에 **찬 우유 50밀리리터**를 넣는다.

스푼과 함께 내간다. 스푼으로 저어가며 재료를 골고루 섞어 마신다.

스노우 화이트
각얼음 대신 잘게 부순 얼음을 써도 좋다. 각얼음보다 빨리 음료와 섞이면서 음료를 더 오래 차게 유지시킨다.

커피 콜라 플로트(Coffee Cola Float)

추출도구: **에스프레소 머신**　유제품: **두유 아이스크림**　온도: **차갑게**　분량: **한 잔**

요즘에는 두유로 만든 아이스크림을 쉽게 구입할 수 있다. 그러니 우유를 마실 수 없는 사람도 걱정 말고 콜라 플로트를 즐기자. 콜라와 커피를 섞을 때 거품이 끓어오르는 것만 조심하면 된다.

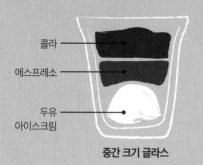

콜라
에스프레소
두유
아이스크림

중간 크기 글라스

1 글라스 바닥에 **두유 아이스크림 1스쿱**을 담는다.

2 48~49페이지에서 설명한 방법대로 **에스프레소 싱글샷**(25밀리리터)을 내린다. 이것을 아이스크림 위에 붓는다. 마지막으로 맨 위에 **콜라**를 천천히 붓는다.

스푼과 함께 내간다.

아이스 라떼

추출도구: **에스프레소 머신**　유제품: **우유**　온도: **차갑게**　분량: **한 잔**

무더운 여름날, 기분 전환이 필요할 때 아이스 라떼 한 잔이면 더위가 싹 달아난다. 취향에 따라 시럽이나 향료를 첨가해도 되고 커피 농도를 마음대로 조절해도 된다. 카푸치노와 비슷한 향미를 느끼고 싶다면, 우유를 절반만 사용한다.

우유
에스프레소
각얼음

중간 크기 글라스

1 글라스의 절반을 **각얼음**으로 채운다. 48~49페이지에서 설명한 방법대로 **에스프레소 싱글샷**(25밀리리터)을 내린다. 이것을 각얼음 위에 붓는다.

그 위에 **우유 180밀리리터**를 붓고 입맛에 따라 **심플 시럽**으로 단맛을 더한다.

아니면, 칵테일 셰이커에 **에스프레소 싱글샷**(25밀리리터)과 **각얼음**을 넣고 흔들어 섞어도 된다. 글라스의 절반을 **각얼음**으로 채운 뒤에, 4분의 3 높이까지 우유 **180밀리리터**를 붓는다. 여기에 차게 식힌 에스프레소만 걸러서 부으면 완성된다.

헤이즐넛 아이스 라떼(Hazelnut Ice Latte)

추출도구: 에스프레소 머신　　유제품: 헤이즐넛밀크　　　온도: 차갑게　　　분량: 한 잔

여러 가지 견과류 밀크를 섞으면 우유를 쓰지 않고도 복합적인 유제품의 맛을 낼 수 있을 뿐만 아니라 음료의 질감도 맘대로 조절할 수 있다. 더불어 설탕 대신 당밀을 사용해 색다른 달콤함을 느껴보자.

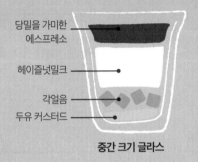

당밀을 가미한
에스프레소

헤이즐넛밀크

각얼음

두유 커스터드

중간 크기 글라스

1 48~49페이지에서 설명한 방법대로 다른 잔에 **에스프레소 더블샷**(50밀리리터)을 추출하고 여기에 **당밀 2티스푼**을 넣어 녹인다. 이것을 **각얼음**으로 채운 칵테일 셰이커에 붓고 잘 흔들어 섞는다.

2 **두유 커스터드 2테이블스푼**을 글라스 바닥에 깔고 **각얼음**을 담는다. 그 위에 **헤이즐넛밀크 150밀리리터**를 붓는다.

마지막으로 에스프레소만 걸러서 붓고 스푼과 함께 내간다.

라이스밀크 아이스 라떼(Rice Milk Ice Latte)

추출도구: 에스프레소 머신　　유제품: 라이스밀크　　　온도: 차갑게　　　분량: 한 잔

천연 재료로 만든 우유 대용품이 많이 있다. 그중에서 라이스밀크는 스티밍을 했을 때 거품이 잘 생기지 않지만 오히려 그 때문에 냉커피에 잘 어울린다. 견과류 추출물은 대체로 라이스밀크와 좋은 궁합을 이루며 베리류도 시도해볼 만하다.

프랄린향을 낸
에스프레소와
라이스밀크를
섞은 것

중간 크기 글라스

1 48~49페이지에서 설명한 방법대로 다른 잔에 **에스프레소 싱글샷**(25밀리리터)을 추출하고 충분히 식힌다.

2 칵테일 셰이커를 이용해서 에스프레소, **라이스밀크 180밀리리터**, **프랄린 향료 25밀리리터**를 잘 섞는다. **커피 각얼음**(199페이지의 아이스 카스카라 커피 1단계 참조) 몇 개를 더 넣고 세게 흔든다.

체를 대고 음료만 걸러서 글라스에 부은 다음, 빨대를 꽂아 바로 내간다.

아이스 모카
뜨거운 여름날, 바비큐 파티를 달콤하게 마무리하기에는 아이스 모카만 한 것이 없다.

아이스 모카

 추출도구: **에스프레소 머신**   유제품: **우유**   온도: **차갑게**   분량: **한 잔**

아이스 모카는 아이스 라떼와 비슷하지만 초콜릿 소스가 추가로 들어가기 때문에 풍부하고 단맛이 더 강하다. 강렬한 커피맛을 원한다면, 우유나 초콜릿 소스의 양을 줄인다.

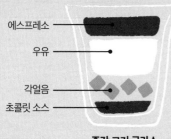

에스프레소 ──
우유 ──
각얼음 ──
초콜릿 소스 ──

중간 크기 글라스

1 밀크 초콜릿 소스나 다크 초콜릿 소스 **2테이블스푼**을 글라스 바닥에 깐다. 초콜릿 소스는 직접 만들어도 되고 시중에서 구매해도 괜찮다. 그 위에 각얼음을 조금 넣고 **우유 180밀리리터**를 붓는다.

2 48~49페이지에서 설명한 방법대로 따로 준비한 잔에 **에스프레소 더블샷(50밀리리터)**을 추출하고 이것을 우유 위에 붓는다.

빨대를 꽂아 바로 내간다. 빨대로 저어 초콜릿을 섞어가며 마시면 된다.

카페스어다(Ca Phe Sua Da) 베트남식 아이스 커피

추출도구: **브루어**   유제품: **연유**   온도: **차갑게**   분량: **한 잔**

핀이 없어도 프렌치프레스(146페이지 참조)나 스토브톱 포트(151페이지 참조)를 이용하면 베트남식 커피를 만들 수 있다. 만드는 과정이 카페스어농(195페이지 참조)과 거의 비슷하지만 커피가 희석되어 더 연하다. 그래도 달콤함과 부드러움은 똑같다.

여과 커피 ──
각얼음 ──
연유 ──

중간 크기 글라스

1 글라스 바닥에 **연유 2테이블스푼**을 깔고 그 위에 **각얼음**을 올린다.

2 핀에서 필터를 들어 올리고(154페이지 참조) 그 밑에 **중간 굵기로 분쇄한 원두 2테이블스푼**을 담는다. 핀을 이리저리 톡톡 쳐서 커피가루 표면을 평평하게 만들고 그 위에 필터를 다시 끼운다.

3 핀을 글라스 위에 올린다. **물 120밀리리터**를 끓인 뒤에 4분의 1만 필터 위에 붓는다. 계속해서 154페이지의 설명에 따라 핀으로 커피를 내린다.

커피와 연유를 잘 섞은 뒤에 내간다.

밀크 앤드 허니
우유나 커피를 육면체 형태로 얼려 넣으면 커
피가 너무 묽게 희석되지 않는다.

밀크 앤드 허니(Milk and Honey)

 추출도구: 브루어   유제품: 우유   온도: 차갑게   분량: 한 잔

고급스런 향이 나는 천연 감미료인 꿀은 뜨거운 음료에도 차가운 음료에도 잘 어울린다. 밀크 앤드 허니를 만들 때는 꿀을 커피가 아직 뜨거울 때 넣어도 되고 음료를 마시기 직전에 넣고 섞어도 된다. 우유 각얼음은 트레이에 우유를 붓고 냉동실에 넣어 간단하게 만들 수 있다.

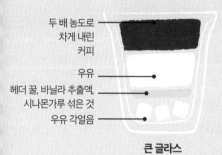

두 배 농도로
차게 내린
커피

우유

헤더 꿀, 바닐라 추출액,
시나몬가루 섞은 것

우유 각얼음

큰 글라스

1 152페이지의 설명을 참조해서 **커피 100밀리리터**를 두 배로 진하게 내리고 이것을 **각얼음** 위에 붓는다.

2 **우유 각얼음 3~4개**를 글라스 바닥에 깔고 **바닐라 추출액 2분의 1티스푼, 헤더 꿀 1테이블스푼, 시나몬가루 4분의 1티스푼**을 넣는다.

그 위에 **우유 100밀리리터**를 부은 다음에 커피를 마저 붓는다. 음료를 저을 스푼을 함께 내간다.

블렌디드 아이스 커피(Blended Ice Coffee)

 추출도구: 에스프레소 머신   유제품: 크림/우유   온도: 차갑게   분량: 한 잔

마치 커피 밀크셰이크처럼 매끈하고 보드라워 보이는 이 음료는 그 자체로도 맛있지만 여러 가지 재료로 향을 첨가해도 잘 어울린다. 가벼운 질감을 선호한다면, 크림 대신 보통 우유나 저지방 우유를 사용한다

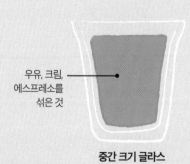

우유, 크림,
에스프레소를
섞은 것

중간 크기 글라스

1 48~49페이지에서 설명한 방법대로 따로 준비한 잔에 **에스프레소 싱글샷(25밀리리터)**을 내린다.

2 블렌더에 에스프레소, **각얼음 5~6개, 크림 30밀리리터, 우유 150밀리리터**를 넣고 큰 알갱이가 보이지 않을 때까지 갈아준다.

심플 시럽으로 단맛을 더한 뒤에 글라스에 빨대를 꽂으면 완성이다.

프라페 모카(Frappé Mocha)

추출도구: 에스프레소 머신 　 유제품: 우유 　 온도: 차갑게 　 분량: 한 잔

블렌디드 아이스 커피의 레시피를 조금 비틀어 초콜릿 소스를 더하고 에스프레소의 양을 늘리면 조금 다르면서도 균형미는 깨지지 않은 음료가 된다. 순한 맛이 좋다면, 밀크초콜릿 소스나 화이트초콜릿 소스를 사용한다.

휘핑크림

초콜릿 우유,
에스프레소를
섞은 것

중간 크기 글라스

1 48~49페이지에서 설명한 방법대로 따로 준비한 잔에 **에스프레소 더블샷**(50밀리리터)을 추출한다.

2 블렌더에 **에스프레소, 우유 180밀리리터,** 직접 만들거나 시중에서 구매한 **초콜릿 소스 2 테이블스푼, 각얼음 5~6개**를 넣고 큰 알갱이가 보이지 않을 때까지 갈아준다. 여기에 **심플 시럽**을 첨가해 단맛을 더한다.

글라스에 붓고 **휘핑크림 1테이블스푼**을 올려 마무리한다. 빨대를 꽂아 내간다.

촉-민트 프라페(CHOC-MINT FRAPPÉ)

추출도구: 에스프레소 머신 　 유제품: 우유 　 온도: 차갑게 　 분량: 한 잔

마치 저녁 후식용 민트 초콜릿을 커피에 적셔 먹는 기분이 들게 하는 촉-민트 프라페는 실제로도 저녁 디저트로 더할 나위 없이 훌륭한 음료다. 민트와 초콜릿의 앙상블을 에스프레소가 단단하게 받쳐주기 때문이다. 시럽으로 단맛을 더하고 초콜릿 민트를 곁들여 즐기자.

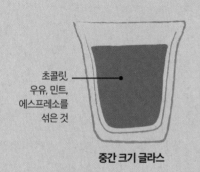

초콜릿
우유, 민트,
에스프레소를
섞은 것

중간 크기 글라스

1 48~49페이지에서 설명한 방법대로 다른 잔에 **에스프레소 더블샷**(50밀리리터)을 추출한다.

2 블렌더에 **에스프레소, 각얼음 5~6개, 우유 180밀리리터, 민트 향료 25밀리리터,** 직접 만들거나 시중에서 구매한 **초콜릿 소스 2테이블스푼**을 넣고 큰 알갱이가 보이지 않을 때까지 갈아준다. 입맛에 따라 여기에 **심플 시럽**을 첨가한다.

글라스에 붓고, **얇게 저민 초콜릿**과 **민트잎**을 올려 장식한다. 쿠페뜨 잔에 담으면 더 예쁘다.

헤이즐넛 프라페(Hazelnut Frappé)

📟 추출도구: **에스프레소 머신**   🍶 유제품: **사용하지 않음**   🌡 온도: **차갑게**   📄 분량: **한 잔**

헤이즐넛밀크는 커피와 잘 어울리면서 집에서 만들기도 쉬운 우유 대용품이다. 여기에 바닐라를
첨가하면 향이 환상적으로 어우러진다.

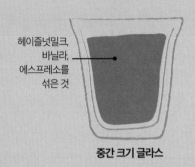

헤이즐넛밀크,
바닐라,
에스프레소를
섞은 것

중간 크기 글라스

1 48~49페이지에서 설명한 방법대로 따로 준비한 잔에 **에스프레소 더블샷(50밀리리터)**을 추
출한다.

2 블렌더에 **에스프레소, 헤이즐넛밀크 200밀리리터, 각얼음 5~6개, 바닐라 설탕 1티스푼**을
넣고 큰 알갱이가 보이지 않을 때까지 갈아준다.

글라스에 붓고 빨대를 꽂아 내간다.

오르차타 프라페(Horchata Frappé)

🍼 추출도구: **브루어**   🍶 유제품: **사용하지 않음**   🌡 온도: **차갑게**   📄 분량: **네 잔**

라틴아메리카에서는 아몬드나 참깨, 땅콩과 비슷하게 생긴 추파(Chufa)와 쌀로 오르차타라는 음료를 만들어 즐겨 마신다. 여기에 흔히 바닐라
와 시나몬을 첨가해 향을 더한다. 오르차타는 집에서 만들 수도 있고 완제품을 사도 된다.

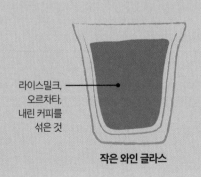

라이스밀크,
오르차타,
내린 커피를
섞은 것

작은 와인 글라스

1 149페이지를 참조해서 에어로프레스로 **커피 100밀리리터를 진하게** 내린다.

2 블렌더에 **커피, 오르차타 파우더 2테이블스푼, 라이스밀크 100밀리리터, 바닐라 꼬투리 두
개의 속, 시나몬가루 2분의 1티스푼, 각얼음 10~15개**를 넣고 큰 알갱이가 보이지 않을 때까
지 갈아준다.

여기에 취향에 따라 **심플 시럽**을 더해 단맛을 내고 마지막으로 **바닐라 꼬투리**나 **시나몬 스틱**을 꽂아
장식한다.

커피 라씨(Coffee Lassi)

추출도구: 에스프레소 머신　유제품: 요구르트　온도: 차갑게　분량: 한 잔

우유를 대신해 요구르트를 사용해도 나쁘지 않다. 커피 음료에 상쾌함을 더하고 크림이나 아이스크림과 다를 바 없는 질감을 내기 때문이다. 플레인 요구르트를 사용해도 되고 요구르트 아이스크림 한 스쿱을 넣어도 된다.

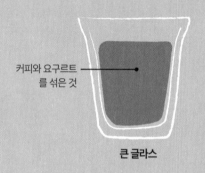

커피와 요구르트
를 섞은 것

큰 글라스

1 48~49페이지에서 설명한 방법대로 따로 준비한 잔에 **에스프레소 더블샷(50밀리리터)**을 추출한다.

2 블렌더에 **각얼음 5~6개**를 넣고 그 위에 에스프레소를 붓는다. 커피가 식을 때까지 기다린다.

3 여기에 **요구르트 150밀리리터, 바닐라 향료 1티스푼, 꿀 1티스푼**, 직접 만들거나 시중에서 구매한 **초콜릿 소스 2테이블스푼**을 넣고 큰 알갱이가 보이지 않을 때까지 갈아준다.

취향에 따라 꿀을 더 넣어 달게 만들어도 된다. 빨대를 꽂아 내간다.

아이스크림 럼 레이즌(Ice Cream Rum Raisin)

추출도구: 에스프레소 머신　유제품: 우유　온도: 차갑게　분량: 한 잔

럼과 건포도는 옛날부터 특별한 아이스크림을 만들 때 함께 섞는 재료로 애용되어 왔는데, 커피와도 상당히 잘 어울린다. 내추럴 방식으로 가공한 생두에서 럼이나 건포도와 비슷한 향미가 많이 나기 때문이다.

럼과 건포도의
향을 가미한
커피

중간 크기 글라스

1 48~49페이지에서 설명한 방법대로 다른 잔에 **에스프레소 더블샷(50밀리리터)**을 추출한다.

2 블렌더에 에스프레소, **우유 120밀리리터, 럼-건포도 향료 25밀리리터**, 바닐라 아이스크림 **한 스쿱**을 넣고 큰 알갱이가 보이지 않을 때까지 갈아준다.

3 **심플 시럽**을 입맛에 맞게 적당히 넣고 글라스에 담아낸다.

빨대를 꽂아 내간다. 위에 **휘핑크림**을 올려 마시기도 한다.

볼럽츄어스 바닐라(Voluptuous Vanilla)

추출도구: **에스프레소 머신**　유제품: **우유**　온도: **차갑게**　분량: **한 잔**

커피 음료를 만들 때 연유를 넣으면 음료의 질감이 한층 풍만해진다. 한 모금 머금었을 때 마치 실크에 휘감긴 느낌이 들 정도다. 너무 단 게 싫으면 연유 대신 무당 연유나 싱글크림을 사용한다.

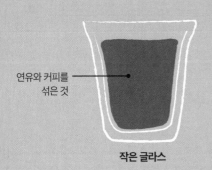

연유와 커피를
섞은 것

작은 글라스

1 48~49페이지에서 설명한 방법대로 **에스프레소 싱글샷**(25밀리리터)을 추출한다.

2 블렌더에 에스프레소, **우유 100밀리리터, 연유 2테이블스푼, 바닐라 추출액 1티스푼, 각얼음 5~6개**를 넣고 큰 알갱이가 보이지 않을 때까지 갈아준다.

이것을 글라스에 담고 바로 내간다.

몰티드 믹스(Malted Mix)

추출도구: **에스프레소 머신**　유제품: **우유**　온도: **차갑게**　분량: **한 잔**

효소 활성이 없는 맥아 파우더는 다양한 음식을 만들 때 흔히 들어가는 감미료다. 이것을 커피 음료에 넣으면 단맛과 함께 묵직하고 안정적인 질감을 동시에 낼 수 있다. 맥아 파우더가 없으면 몰티드 밀크 파우더나 초콜릿 몰트를 사용해도 된다.

우유, 맥아,
에스프레소를
섞은 것

맥주 머그

1 48~49페이지에서 설명한 방법대로 **에스프레소 더블샷**(50밀리리터)을 내린다.

2 블렌더에 **에스프레소, 초콜릿 아이스크림 작은 한 스쿱, 각얼음 5~6개, 우유 150밀리리터, 맥아 파우더 2테이블스푼**을 넣고 큰 알갱이가 보이지 않을 때까지 갈아준다.

곱게 갈린 음료를 머그에 담고 **몰티드 밀크 비스킷**을 따로 곁들여 바로 내간다.

코레토 알라 그라파(Corretto Alla Grappa)

추출도구: 에스프레소 머신   유제품: **사용하지 않음**   온도: **뜨겁게**   분량: **한 잔**

에스프레소 코레토란 에스프레소에 증류주나 리큐르 한 샷을 '첨가했다'는 뜻이다. 리큐르는 보통 그라파를 사용하지만 경우에 따라 삼부카, 브랜디, 코냑을 쓰기도 한다. 일반적으로는 리큐르를 손님에게 대접하기 직전에 넣지만, 그냥 따로 옆에 곁들여도 된다.

그라파

에스프레소

데미타스 잔

1 48~49페이지에서 설명한 방법대로 데미타스 잔에 **에스프레소 싱글샷(25밀리리터)**을 추출한다.

2 여기에 **그라파** 또는 각자 원하는 증류주나 리큐르를 **25밀리리터**를 더한다.

바로 내간다.

론 둘쎄(Ron Dulce)

추출도구: 에스프레소 머신   유제품: **휘핑크림**   온도: **뜨겁게**   분량: **한 잔**

캐러멜처럼 커피와 잘 어울리는 향료가 또 있을까. 둘쎄 데 레체(Dulce de Leche)의 부드러움, 깔루아의 달콤한 커피향, 럼의 따스한 느낌이 이 음료 한 잔에 모두 담겨 있다.

휘핑크림

에스프레소

깔루아

럼

둘쎄 데 레체

중간 크기 글라스

1 **둘쎄 데 레체 1테이블스푼**을 글라스 바닥에 깐다. 그 위에 **럼 25밀리리터**와 **깔루아 1테이블스푼**을 붓는다.

2 48~49페이지에서 설명한 방법대로 다른 잔에 **에스프레소 더블샷(50밀리리터)**을 내린다. 이것을 글라스에 붓는다.

3 **휘핑크림 25밀리리터**를 저어서 너무 뻑뻑하지 않을 정도로 부풀린다.

휘핑크림을 스푼 뒷면으로 흘려보내 글라스 맨 위층에 올린 뒤에 내간다.

러스티 셰리단즈(Rusty Sheridans)

추출도구: **에스프레소 머신**　유제품: **사용하지 않음**　온도: **뜨겁게**　분량: **한 잔**

드람부이(Drambuie) 리큐르로 만든 칵테일 중에서는 러스티 네일(Rusty Nail)이 가장 유명하다. 러스티 셰리단즈는 이 칵테일을 응용한 것이다. 맛의 무게중심을 잡는 재료는 위스키지만, 셰리단즈 리큐르를 더하면 단맛을 높이고 커피의 향미를 더 돋보이게 할 수 있다. 경쾌한 맛을 원하면, 에스프레소에 레몬 껍질을 담가 향을 우려낸다.

위스키와
리큐르를
섞은 것

에스프레소

작은 글라스

1 48~49페이지에서 설명한 방법대로 글라스에 **에스프레소 싱글샷**(25밀리리터)을 추출한다.

2 따로 준비한 잔에 **드람부이 25밀리리터, 셰리단즈 25밀리리터, 위스키 50밀리리터**를 부어 섞고 이것을 글라스에 천천히 붓는다. 에스프레소의 크레마가 꺼지지 않도록 주의한다.

레몬 껍질로 장식한 뒤에 내간다.

아이리시 커피(Irish Coffee)

 추출도구: **브루어**　유제품: **크림**　온도: **뜨겁게**　분량: **한 잔**
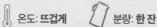

1942년에 조 셰리단(Joe Sheridan)이 아이리시 커피를 발명한 이래로 이 커피는 전 세계에서 명실상부한 대표 커피 칵테일로 자리를 잡았다. 이른바 '친구와의 악수처럼 강렬한' 커피와 '대지의 지혜만큼 부드러운' 아이리시 위스키를 주재료로 하고 설탕과 크림을 더해 만든다.

휘핑크림

위스키

여과 커피

아이리시 커피 글라스

1 147페이지의 설명에 따라 드리퍼를 사용해서 **커피 120밀리리터를 진하게** 내린다.

2 커피를 글라스에 부은 다음, **황설탕 2티스푼**을 넣고 잘 저어 녹인다.

3 여기에 **아이리시 위스키 30밀리리터**를 더하고 저어서 섞는다. **휘핑크림 30밀리리터**를 휘 저어 너무 뻑뻑하지 않을 정도로 부풀린다.

이 휘핑크림을 스푼 뒷면을 타고 흘러내려가도록 해서 글라스 맨 위에 얹으면 완성이다.

코냑 브륄로(Cognac Brulot)

 추출도구: **브루어**   유제품: **사용하지 않음**   온도: **뜨겁게**   분량: **한 잔**

옛 뉴올리언스식 '카페 브륄로'를 응용한 이 메뉴에는 코냑이나 브랜디가 들어간다. 원래 카페 브륄로는 금주법이 시행되던 시절, 앙투안느 레스토랑에서 일하던 쥘 알시아토레(Jules Alciatore)가 개발한 음료다. 감귤류와 향신료로 술 냄새를 가리다니 참 영리하다.

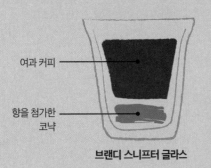

여과 커피

향을 첨가한 코냑

브랜디 스니프터 글라스

1 글라스에 **코냑 30밀리리터**를 붓고 브랜디 워머로 보온한다. 여기에 **황설탕 1티스푼, 시나몬 스틱 한 개, 정향 한 조각, 레몬 껍질 한 조각, 오렌지 껍질 한 조각**을 넣는다.

2 프렌치프레스(146페이지 참조) 또는 에어로프레스(149페이지 참조) 혹은 커피메이커로 **커피 150밀리리터**를 내린다. 이 커피를 글라스에 붓는다. 글라스의 모양새 때문에 커피가 넘칠 것 같으면, 워머에서 꺼낸 후에 커피를 붓는다.

설탕이 다 녹을 때까지 시나몬 스틱으로 음료를 저어 골고루 섞은 뒤에 마신다.

에스프레소 마티니(Espresso Martini)

추출도구: **에스프레소 머신**   유제품: **사용하지 않음**   온도: **차갑게**   분량: **한 잔**

에스프레소 마티니는 그 자체로도 우아한 향미를 지니지만, 크렘 드 카카오와 같은 초콜릿 리큐르를 첨가해 달게 즐겨도 좋다. 크렘 드 카카오를 넣지 않을 때는 깔루아의 양을 두 배로 늘린다.

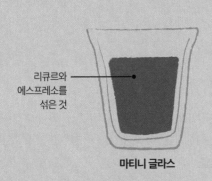

리큐르와 에스프레소를 섞은 것

마티니 글라스

1 48~49페이지에서 설명한 방법대로 **에스프레소 더블샷**(50밀리리터)을 추출한다. 그대로 두어 살짝 식힌다.

2 칵테일 셰이커에 **커피**와 **크렘 드 카카오 1테이블스푼, 깔루아 1테이블스푼, 보드카 50밀리리터**를 넣는다. 여기에 각얼음을 더한 뒤에 잘 흔들어 섞는다. 에스프레소와 술을 먼저 섞으면 액체가 충분히 차가워지기 때문에 각얼음이 많이 녹지 않는다.

음료만 걸러서 글라스에 부은 다음, 거품에 **커피원두 세 개**를 올려 장식한 뒤에 내간다.

그랑 초콜릿(Grand Chocolate)

추출도구: 에스프레소 머신　　유제품: 사용하지 않음　　온도: 차갑게　　분량: 한 잔

초콜릿과 오렌지는 예로부터 다양한 음식에 함께 사용되어 왔다. 이 한 쌍에 버번 위스키와 에스프레소를 더해 음료로 만들면 풍부한 향미가 일품인 저녁 디저트가 된다. 제대로 음미하려면 얼음을 빼고 따뜻한 상태로 마신다.

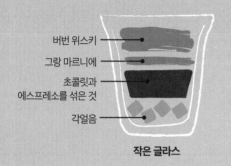

버번 위스키
그랑 마르니에
초콜릿과
에스프레소를 섞은 것
각얼음

작은 글라스

1 48~49페이지에서 설명한 방법대로 다른 잔에 **에스프레소 더블샷(50밀리리터)**을 내린 후 여기에 직접 만들거나 시중에서 구매한 **초콜릿 소스 1티스푼**을 넣고 잘 저어 섞는다.

2 글라스에 **각얼음 4~5개**를 담고 그 위에 초콜릿과 에스프레소를 섞은 것을 붓는다. 커피가 충분히 차가워질 때까지 잘 젓는다. 그런 다음, 그랑 **마르니에 리큐르 1테이블스푼**과 버번 **위스키 50밀리리터**를 더한다.

오렌지 껍질로 장식한 뒤에 내간다.

러미 카롤란즈(Rummy Carolans)

추출도구: 브루어　　유제품: 사용하지 않음　　온도: 차갑게　　분량: 한 잔

차가운 칵테일을 마시더라도 달콤하면서 따뜻한 느낌이 그리울 때가 있다. 럼과 카롤란즈가 티아마리아(Tia Maria)의 커피향과 만나면 바로 그런 느낌이 난다. 말하자면 상쾌함과 포근함이 동시에 느껴지는 것이 러미 카롤란즈의 매력이다.

티아마리아와
카롤란즈를 넣은
커피 칵테일

각얼음

중간 크기 글라스

1 접시 두 개를 준비한다. 하나에는 **럼**을 자작하게 붓고 다른 하나에는 **설탕**을 퍼 담는다. 글라스를 뒤집어 입술이 닿는 테두리를 럼에 살짝 담갔다가 설탕에 찍는다.

2 프렌치프레스(146페이지 참조) 또는 에어로프레스(149페이지 참조) 혹은 커피메이커로 **커피 75밀리리터를 두 배로 진하게** 내린다. 여기에 **각얼음**을 넣어 식힌다.

3 칵테일 세이커에 커피와 **티아마리아 리큐르 1테이블스푼, 카롤란즈 리큐르 1테이블스푼, 럼 25밀리리터**, 기호에 따라 **설탕** 적당량을 넣고 흔들어 섞는다.

글라스에 **각얼음**을 담은 뒤에, 체를 대고 음료를 부으면 완성이다.

포트 카시스
음료를 본격적으로 만들기 전에 글라스를 한 시간 정도 냉동실에 넣어 두면 커피를 오래도록 차게 즐길 수 있다.

포트 카시스(Port Cassis)

 추출도구: 에스프레소 머신   유제품: 사용하지 않음   온도: 차갑게   분량: 한 잔

증류주를 배합해 알코올 도수를 높인 강화 와인은 커피와 매우 잘 어울린다. 완벽한 조화를 위해서는 같은 계열의 과일향이 나는 원두로 에스프레소를 내리는 것이 좋다. 여기에 크렘 드 카시스로 달콤함을 더해 화룡점정을 찍는다.

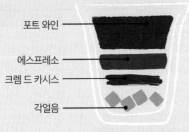

포트 와인 ─
에스프레소 ─
크렘 드 카시스 ─
각얼음 ─

브랜디 스니프터 글라스

1 스니프터 글라스에 **각얼음 4~5개**를 넣고 **크렘 드 카시스 25밀리리터**를 붓는다.

2 48~49페이지에서 설명한 방법에 따라 이 글라스에 그대로 **에스프레소 싱글샷**(25밀리리터)을 추출한다. 커피가 적당히 식으면 **포트 와인 75밀리리터**를 천천히 따른다.

블랙베리 하나를 올려 장식한 뒤에 내간다.

베리류 과일과 포트 와인에는 비슷한 계열의 향미보다 더 잘 어울리는 것이 없으므로 과일향과 와인의 느낌이 강한 **케냐 원두**를 사용하는 것을 추천한다.

콜드 키쉬르(Cold Kirsch)

추출도구: 에스프레소 머신   유제품: 사용하지 않음   온도: 차갑게   분량: 한 잔

블랙 포레스트 가토와 비슷한 느낌이 나는 이 음료는 다크초콜릿 트러플이나 진한 초콜릿 아이스크림을 곁들이면 더 맛있게 즐길 수 있다. 달걀흰자를 넣기 전에 에스프레소를 완전히 식혀야 하며 부드럽게 마시려면 잔에 담을 때 체에 거르는 게 좋다.

코냑, 브랜디, 에스프레소를 섞은 것 ─

고블렛 잔

1 칵테일 셰이커에 **각얼음**을 넣어둔다. 48~49페이지에서 설명한 방법대로 **에스프레소 더블샷**(50밀리리터)을 추출하고 잠시 두어 식힌다.

2 칵테일 셰이커에 에스프레소, **코냑 25밀리리터**, **체리 브랜디 25밀리리터**, **달걀흰자 2티스푼**을 넣고 흔들어 잘 섞는다. 체를 대고 걸러 가며 고블렛 잔에 붓는다.

심플 시럽으로 단맛을 더한 뒤에 내간다.

용어 해설

아라비카(arabica)
상업적 목적으로 널리 재배되는 대표 품종 두 가지 중 하나('로부스타' 참조). 일반적으로 아라비카종이 더 고급 품종으로 인정받는다.

베네피시오(beneficio)
습식법 또는 건식법으로 생두를 가공하는 정제 공장의 스페인어 표현.

버(burr)
커피를 추출하기 전에 그라인더로 원두를 잘게 갈아야 한다. 이 그라인더의 멧돌형 날을 '버'라고 한다.

카페인(caffeine)
커피에 들어 있는 화학물질. 각성 효과가 있다.

체프(chaff)
로스팅한 원두의 겉면을 덮고 있는 얇은 껍질.

커피체리(coffee cherry)
커피나무의 열매. 커피체리는 껍질로 덮여 있고 그 안에는 점액질과 파치먼트가 씨앗 두 개를 겹겹이 둘러싸고 있다.

콜드브루 커피(cold-brewed coffee)
탑 형태의 콜드 드리퍼 세트와 냉수로 천천히 우려내거나 뜨겁게 추출한 뒤에 차갑게 식힌 커피.

코모디티 시장(commodity market)
뉴욕, 브라질, 런던, 싱가포르, 도쿄의 커피거래 시장.

크레마(crema)
에스프레소 표면에 생기는 거품층.

재배품종(cultivar)
음료로 소비하기 위해 일부러 대량 재배하는 커피 품종.

커핑(cupping)
커피의 맛을 감상하고 평가하는 것.

디개싱(de-gassing)
로스팅 과정에서 생긴 가스가 배출되도록 원두를 일정 기간 쉬게 하는 것.

데미타스(demitasse)
'반 컵'이라는 뜻으로, 보통은 손잡이가 달린 90밀리리터 용량의 에스프레소 컵을 일컫는다.

도즈(dose)
커피를 추출할 때 사용하는 원두 계량 단위.

추출(extraction)
커피를 우릴 때 커피의 수용성 성분이 물에 용출되는 것.

생두(green bean)
볶지 않은 날것 상태의 커피콩.

교배종(hybrid)
두 가지 커피 품종을 교배해 탄생한 새 품종.

점액질(mucilage)
커피체리의 외피와 씨앗을 보호하는 파치먼트 사이에 있는 끈끈하고 달짝지근한 과육 혹은 펄프

내추럴 방식(natural process)
커피체리를 천일 건조해 가공하는 방법.

피베리(peaberry)
커피체리 안에 씨앗이 두 개가 아니라 둥근 모양의 씨앗이 하나만 들어 있는 것.

감자취(potato defect)
생두가 박테리아에 감염되어 생감자의 냄새와 맛이 나는 것.

펄프드 내추럴 방식(pulped natural process)
겉껍질을 벗기되 점액질은 그대로 남겨둔 상태에서 건조해 커피체리를 가공하는 방법.

로부스타(robusta)
상업적 목적으로 널리 재배되는 대표 품종 두 가지 중 하나('아라비카' 참조). 일반적으로 로부스타종의 품질이 더 떨어진다는 평을 받는다.

소게스탈(sogestal)
부룬디의 커피정제공장들을 체계적으로 관리하는 조직. 케냐의 협동조합과 비슷하다.

탬핑(tamping)
에스프레소 머신으로 커피를 추출하기 위해 커피가루를 필터 바스켓에 담고 단단하게 다지는 과정.

유통이력(traceability)
커피의 품종, 산지, 특징, 배경 등에 관한 정확하고 상세한 정보.

품종(variety)
가령 아라비카종과 카네포라종 등 한 식물종 내에서도 차별되는 특징을 가지고 확실하게 구분되는 종류들을 가리키는 식물분류학 용어.

워시드 방식(washed process)
커피체리를 물에 담가 씻어내는 공정을 통해 겉껍질과 점액질까지 제거한 뒤에 천일 건조해 가공하는 방법.

찾아보기

굵게 표시된 페이지 번호는 레시피를 의미한다.

저자 소개

아네트 몰배르(Anette Moldvaer)는 영국 런던에서 다양한 수상 경력에 빛나는 스퀘어마일 커피 로스터스(Squre Mile Coffee Roasters)를 공동경영하고 있다. 스퀘어마일은 엄선한 생두를 수입해 로스팅하고 소비자와 사업체에 직접 판매한다. 몰배르는 1999년에 고국인 노르웨이에서 바리스타로 시작했다. 현재는 최고의 커피를 확보하기 위해 각국의 커피 농장을 분주하게 다니는 생활을 수 년째 이어가고 있다.

월드 바리스타 챔피언십(World Barista Championships), 컵 오브 엑설런스(Cup of Excellence), 굿푸드 어워드(Good Food Awards)를 비롯한 각종 커피 경연대회에서 심사위원으로 활약했고, 유럽, 미국, 남미, 아프리카에서 열리는 커피 워크숍의 운영진이기도 하다. 저자가 볶은 원두로 추출한 에스프레소는 2007년, 2008년, 2009년 월드 바리스타 챔피언십 그리고 2007년 월드컵 테이스터스 챔피언십(World Cup Tasters Championships)에서 수상하는 쾌거를 이루어냈다.

역자 소개

최가영은 서울대학교 약학대학원을 졸업했다. 현재 번역 에이전시 (주)엔터스코리아에서 건강·의학 분야 출판 기획, 전문 번역가로 활동하고 있다.

주요 역서로는 『너무 놀라운 작은 뇌세포 이야기』, 『건강 불균형 바로잡기』, 『나이듦에 관하여』, 『뉴 코스모스』, 『한 권의 물리학』, 『한 권의 화학』, 『IQ 148을 위한 멘사 탐구력 퍼즐』, 『더 완벽하지 않아도 괜찮아』, 『과학자들의 대결』, 『다빈치 추리파일』, 『The Functional Art』, 『차 차 Tea』, 『꿀꺽 한 입의 과학』, 『맨즈헬스 홈닥터』, 『슈퍼박테리아』, 『배신의 식탁』, 『당신의 다이어트를 성공으로 이끄는 작은 책』, 『버자이너』 등이 있다.

감사의 글

Martha, Kathryn, Dawn, Ruth, Glenda, Christine, DK, Tom, and Signe; Krysty, Nicky, Bill, San Remo, and La Marzocco; Emma, Aaron, Giancarlo, Luis, Lyse, Piero, Sunalini, Gabriela, Sonja, Lucemy, Mie, Cory, Christina, Francisco, Anne, Bernard, Veronica, Orietta, Rachel, Kar-Yee, Stuart, Christian, Shirani, and Jose; Stephen, Chris, and Santiago; Ryan, Marta, Chris, Mathilde, Tony, Joanne, Christian, Bea, Grant, Dave, Kate, Trine, and Morten; Jesse, Margarita, Vibeke, Karna, Stein, and my coffee family and friends.

DK would like to thank:
FIRST EDITION
Photography William Reavell
Art direction Nicola Collings
Prop styling Wei Tang
Additional photography and latte art Krysty Prasolik
Proofreading Claire Cross
Indexing Vanessa Bird
Editorial assistance Charis Bhagianathan
Design assistance Mandy Earey, Anjan Dey, and Katherine Raj
Creative technical support Tom Morse and Adam Brackenbury

SECOND EDITION
Illustrations Steven Marsden (pp156–57)
Proofreading Katie Hardwicke
Indexing Vanessa Bird

Thanks also to Augusto Melendrez at San Remo. Key Fact statistics featured on pp64–141 are based on the 2013–2019 ICO figures, apart from those on pp101, 102, 108, 136, 137, and 138.

Picture credits
The publisher would like to thank the following for their kind permission to reproduce their photographs:

(Key: a-above; b-below/bottom; c-centre; f-far; l-left; r-right; t-top)

p17 Bethany Dawn (t); pp78, 134, 139 Anette Moldvaer; p99 Shutterstock.com: gaborbasch; p102 Getty Images/ iStock: ronemmons; p116 Alamy Stock Photo: Jorgeprz

All other images © Dorling Kindersley
For further information see: www.dkimages.com

더 커피 북

발행일 2022년 10월 1일 초판 1쇄 발행
지은이 아네트 몰배르
옮긴이 최가영
발행인 강학경
발행처 시그마북스
마케팅 정제용
에디터 최윤정, 최연정
디자인 강경희, 김문배

등록번호 제10-965호
주소 서울특별시 영등포구 양평로 22길 21 선유도코오롱디지털타워 A402호
전자우편 sigmabooks@spress.co.kr
홈페이지 http://www.sigmabooks.co.kr
전화 (02) 2062-5288~9
팩시밀리 (02) 323-4197
ISBN 979-11-6862-030-8 (13570)

This edition published in 2021
First published in Great Britain in 2014
by Dorling Kindersley Limited
One Embassy Gardens, 8 Viaduct Gardens, London, SW11 7BW

The authorized representative in the EEA is Dorling Kindersley
Verlag GmbH.
Arnulfstr. 124, 80636 Munich, Germany

A CIP catalogue record for this book
is available from the British Library.
ISBN: 978-0-2414-8112-7

Printed and bound in Malaysia

For the curious

www.dk.com

지도에 관한 덧붙임

64페이지부터 141페이지까지의 지도에서 주요 커피 생산지의 위치를 원두
아이콘으로 표시했다. 초록색 음영은 한 국경 혹은 기후지대 내에서 커피가
재배되는 전체 지역을 뜻한다.

레시피에 관한 덧붙임

편한 대로, 다음의 대략적 부피 환산값을 참조한다.

컵: 데미타스-90밀리리터/3온스; 작은 크기-120밀리리터/4온스;
중간 크기-180밀리리터/6온스; 큰 크기- 250밀리리터/9.5온스
머그: 작은 크기-200밀리리터/7온스; 중간 크기-250밀리리터/9.5온스;
큰 크기-300밀리리터/10.5온스
글라스: 작은 크기-180밀리리터/6온스; 중간 크기-300밀리리터/10.5온스;
큰 크기-350밀리리터/12온스.

This book was made with Forest Stewardship
Council ® certified paper – one small step in
DK's commitment to a sustainable future.

For more information go to www.dk.com/our-green-pledge